MAGICAL
CHEMISTRY

神秘化学世界

有趣的
化学奇观

徐冬梅◎主编

北方妇女儿童出版社

图书在版编目（CIP）数据

有趣的化学奇观／徐东梅主编 . — 长春：
北方妇女儿童出版社，2012. 11（2021. 3 重印）
（神秘化学世界）
ISBN 978 - 7 - 5385 - 6896 - 7

Ⅰ. ①有… Ⅱ. ①徐… Ⅲ. ①化学 – 青年读物②化学
– 少年读物 Ⅳ. ①O6 – 49

中国版本图书馆 CIP 数据核字（2012）第 228895 号

有趣的化学奇观
YOUQU DE HUAXUE QIGUAN

出 版 人	李文学	
责任编辑	赵　凯	
装帧设计	王　璿	
开　　本	720mm×1000mm　1/16	
印　　张	12	
字　　数	140 千字	
版　　次	2012 年 11 月第 1 版	
印　　次	2021 年 3 月第 3 次印刷	
印　　刷	汇昌印刷（天津）有限公司	
出　　版	北方妇女儿童出版社	
发　　行	北方妇女儿童出版社	
地　　址	长春市福祉大路 5788 号	
电　　话	总编办：0431-81629600	
定　　价	23.80 元	

前　言
PREFACE

　　"化学"一词，若单从字面解释，就是"变化的科学"之意。在中国，"化学"一词最早出现在 1857 年墨海书馆出版的期刊《六合丛谈》。伟烈亚力提及王韬在其日记中记载了从戴德生处听闻的"化学"一词。一般认为中文的"化学"一词是徐寿翻译英国人写的《化学鉴原》一书时发明的。

　　人们对于化学的认识应该从原始社会说起，这个阶段主要来自对火的研究。对于当时的人来说，火可以将一种物质变成另一种物质，所以成为了当时人最有兴趣研究的现象。如果没有火，人类不会发现到铁和玻璃的制造方法。

　　此后，人类已广泛使用金、银、汞、铜、铁和青铜。当时的人类文明，对于陶瓷、染色、酿造、造纸、火药等在工艺方面已有一定成就，在技术经验上，对物质变化的理解已有一定观察和文献累积。

　　直至 1773 年，拉瓦锡提出了质量守恒定律，并以氧化还原反应解释燃烧现象，推翻了盛行于中世纪的燃素说，才开启了现代化学之路，他因此被尊崇为"化学之父"。此后，一些化学家相继发现了各种化学元素，后来门捷列夫建立了元素周期表使化学视界更臻完备。

　　现代化学始于 20 世纪初期蓬勃发展的量子力学。质子、中子和电子的发现，使化学真正由原子尺度来理解化学反应。量子力学和电子学的发展，使得许多新型仪器得以开发，来探索和分析化合物的结构和成分，如原子和分子光谱仪、X 射线、核磁共振和质谱仪等。

　　纵观化学的发展，我们会发现，任何物质都与化学脱离不了关系，我们生活在化学世界里。可以看看，我们呼吸的空气由碳、氢、氧等元素组成的，我们住的房子是由奇特的化学材料构成的，水既可以救人，又能害人等等。总之，无处不在的化学元素在飞舞，无时不有的化学效应在产生着。

本书将从元素、气体、水、金属、化学材料与化学武器的角度，详细阐述化学世界里的有趣现象，揭开化学的神秘面纱，为我们的视野打开新的一角。

Contents 目　录

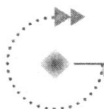

奇妙的元素

在近代化学中，元素特指自然界中 100 多种基本的金属和非金属物质，它们只由一种原子组成，其原子中的每一个原子核中具有同样数量的质子，用一般的化学方法不能使元素分解，并且它能构成一切物质。一些常见元素有碳、氢和氧。

所有化学物质都包含元素，即任何物质都包含元素。每种元素都有它的特性，从不同的角度"剖解"它们，你会发现它们是多么的富有魅力。世界在发展，元素也在不停地被辛勤的科学家们发现，这个旅程既煎熬，又充满了乐趣。不论怎样，我们抱着好奇之心去领略未知的元素也别有趣味。

元素之最

最理想的气体燃料是氢气。

最早发现氢气的人是瑞士的帕拉塞斯。

最常用的溶剂是水。

最简单的有机化合物是甲烷。

含氮量最高的化肥是尿素。

动植物体内含量最多的物质是水。

地球表面分布最广的非气态物质是水。

除锈效果最好的物质是盐酸。

最不活泼的非金属是氦，到目前为止还没有制得它的任何化合物。

熔点最低的单质是氦，为 – 272℃。

熔点最高的单质是石墨，为 3 652℃。

金刚石

最硬的天然物质是金刚石。

最容易"结冰"的气体是二氧化碳。

形成化合物最多的元素是碳，目前已经知道的含碳化合物有近千万种之多。

当今世界上最重要的三大矿物燃料是煤、石油和天然气。

空气中含量最多的气体是氮气，约占空气体积的 78%。

植物生长需要最多的元素是氮。

地壳中含量最多的元素是氧，含量约为 48.6%，几乎占地壳质量的一半。

人体内含量最多的元素是氧。

生物细胞里含量最多的元素是氧。

海洋里含量最多的元素是氧。

地壳里含量最多的金属元素是铝，含量约为地壳质量的 7.73%。

最活泼的非金属元素是氟，常温下几乎能与所有的元素直接化合。

最活泼的金属元素是钫。

着火点最低的非金属元素是白磷，为 40℃。

熔点最低的金属元素是汞，为 – 38.9℃，熔点最高的金属是钨，为 3 410℃。

最不活泼的金属是金。

导电性能最好的金属是银，其次为铜。

最富延展性的金属是金，一克金能拉成长达 3 000 米的金丝，能压成厚约为 0.0001 毫米的金箔，其次是银。

目前提得最纯的物质是半导体材料高纯硅，其纯度达 99.999999999%。

人类最早使用的金属是铜。

在地球上存量最少的元素：砹（At），1940 年为 Corson（美）所发现，估计全球存量为 0.28 克。

最重的元素：锇（Os），密度 22.584 克/立方厘米，1804 年为 Tennant（英）所发现。

熔点最低的元素：氦（He），熔点 −271.72℃，1895 年为 Ramsay（英）所发现。

最高熔点的金属元素：钨（W），熔点 3 410℃，1783 年为 F. D. Elhuyar（西班牙）所发现。

由最多同位素构成的元素：氙（Xe），共有 30 种同位素，1898 年为英国人 Ramsay 与 Travers 所发现。

由最少同位素构成的元素：氢，只有 3 种。

最昂贵的元素：锎（Cf），1968 年时 1 微克（10^{-6} g）的售价为 1 000 美元。1950 年为 Seaborg（美）所发现。

以最纯的状态得到的元素：锗（Ge），1967 年的记录为纯度可达 99.99999999%，1886 年为 Winkler（德）所发现。

知识点

元素的命名

国际上元素的英文名称是通过国际纯粹与应用化学联合会（IUPAC）讨论决定的。103 号元素以前，元素命名没有产生过争议。但是 104 号以后，西方和前苏联多次发生命名上的争议。

　　1977 年 IUPAC 宣布 100 号以后的元素英文名称，不再使用以人名、国名、地名和机构名等来命名的方法，而采用拉丁文和希腊文混合数字词头加词尾-ium 来命名，符号采用 3 个字母来表示，如 104 号元素命名为 unnilquadium，符号 Unq。但是这种命名方法仍然存在争议。

　　到 1994 年，IUPAC 提出恢复原来的命名方式，并在 1997 年 8 月 27 日正式通过，对 101～109 号元素重新定名。

延伸阅读

石墨粉里"飞"出金刚石

　　天然的钻石是非常稀少的，世界上重量大于 1 000 克拉（1 克 = 5 克拉）的钻石只有 2 粒，400 克拉以上的钻石只有多粒，我国迄今为止发现的最大的金刚石重 158.786 克拉，这就是"常林钻石"。物以稀为贵，正因为可做"钻石"用的天然金刚石很罕见，人们就想"人造"金刚石来代替它，这就自然地想到了金刚石的"孪生"兄弟——石墨了。

　　金刚石和石墨是同素异形体。从这种称呼可以知道它们具有相同的"质"，但"形"或"性"却不同，且有天壤之别，金刚石是目前最硬的物质，而石墨却是最软的物质之一。

　　石墨和金刚石的硬度差别如此之大，但人们还是希望能用人工合成方法来获取金刚石，因为自然界中石墨（碳）的蕴藏量是很丰富的。但是要使石墨中的碳变成金刚石那样排列的碳，不是那么容易的。石墨在 5 万～6 万大气压（（5～6）×10^3 MPa）及 1 000～2 000℃高温下，再用金属铁、钴、镍等做催化剂，可使石墨转变成金刚石。

　　目前世界上已有十几个国家（包括我国）均合成出了金刚石。但这种金刚石因为颗粒很细，主要用途是做磨料，用于切削和地质、石油的钻井用的钻头。当前，世界金刚石的消费中，80% 的人造金刚石主要是用于工业，它的产量也远远超过天然金刚石的产量。

可变化的元素

在科学昌盛的 21 世纪，利用人工方法把一种化学元素转变为另一种元素并不是不可能的。这不仅仅是因为科学家已经了解到，原子是由原子核和电子组成的，原子核又是由质子和中子组成的，而且他们还掌握了强大的足以轰开原子核大门的武器，把原子分裂开来，并重新组成新的原子。

为这一研究工作奠定理论和实验基础的是英国化学家和物理学家卢瑟福。

1910 年，卢瑟福进行了著名的 α 粒子轰击金箔的实验，他发现大多数 α 粒子能够穿过金箔继续向前行进，也有一部分 α 粒子改变了原来行进的方向，但改变的角度不大。只有极少数的 α 粒子被反弹了回来，好像碰到了坚硬的不可穿透的物体。

卢瑟福认为，这个实验说明金原子中有一个体积很小的原子核，原子的质量和正电荷都集中在原子核内。α 粒子通过原子中的空间部分时，不会受到阻力，可以顺利地穿过，但如果碰到原子核，则互相排斥（α 粒子和原子核都带正电），α 粒子就会被弹回来。

卢瑟福

卢瑟福设想，金原子核中有 79 个质子和 118 个中子，质量太大，α 粒子和金原子核之间的排斥力太大，并不能把金原子核轰开。如果采取两种措施：一方面用能量很高的 α 粒子来轰击；另一方面，把被轰击的对象改为轻的原子核，例如氮原子核（含有 7 个质子和 7 个中子）。那么，α 粒子与氮原子核之间的排斥力要小得多，也许能量很高的 α 粒子有可能把氮原子核轰开。

实验的结果确实像卢瑟福设想的那样，α 粒子钻进了氮原子核以后，α 粒子中的两个质子和两个中子与氮原子核中的 7 个质子和 7 个中子重新组合后，变成了一个氢原子和一个氧原子。

一个原子的原子核被轰开以后，变成了另外两个原子，这意味着化学家已经能够用人工方法合成化学元素了。卢瑟福的发现还改变了 19 世纪以来化学界认为"元素永远不变"的理论。确实，这位曾经获得 1908 年诺贝尔化学奖的科学家的探索是具有开创性的。

虽然卢瑟福将原子分裂后得到的都是一些轻元素，但是，想要用人工的方法获得重元素也是可能的。只要能够制造出威力更强的"大炮"，发射出各种高能粒子，就能达到目的。1929 年，美国加州大学物理系教授劳伦斯设计出回旋加速器，被加速的带电粒子的速度接近光速，具有极高的能量。

1940 年起，美国化学家西博格和麦克米伦等人，用回旋加速器产生的高能粒子轰击不同元素制成的靶，先后用人工方法制得了镅（méi）、锔（jú）等 9 种人造元素。到现在为止，各国科学家发现的 95 号到 112 号元素，都是在进行原子核反应时制备出来的。

知识点

什么是重元素

重元素，指的是除去氢和氦之外的所有化学元素。一切重元素由氢与氦通过恒星内部核聚变反应产生。在恒星爆发成为超新星之后，重元素会扩散到宇宙空间中去。

由于在宇宙形成初期没有任何重元素，所以早期星体重元素含量很低。每种元素的含量叫做丰度。银河系晕中的球状星团中找到了银河系内年龄最老的恒星，它的重元素相对丰度只及太阳的 0.2%。太阳比起它们，可以算是非常年轻的恒星了。

目前发现的最重元素是 Uuo。

卢瑟福的故事

欧内斯特·卢瑟福（1871 – 1937），第一代纳尔逊的卢瑟福男爵，新西兰著名物理学家，被称为核物理之父，开拓了原子的轨道理论，特别是在他的金箔实验中发现了卢瑟福散射现象。

卢瑟福生在新西兰纳尔逊城附近的斯普林格洛夫（现属布赖特沃特），家里有兄弟姊妹 12 人，他的父亲从事生产枕木及切割亚麻的工作，小时候常在家里的锯木厂及亚麻厂帮忙，因此教育孩子的责任都落在母亲身上。他中学就读于海夫洛克，毕业后他决定争取尼尔森学院的奖学金，这段就学期间是他一生最难忘的回忆，在他临终前仍不忘叮咛他的太太要捐 100 镑给尼尔森学院。接着 1890 年他进入坎特伯雷大学，在那里他遇见了他最敬仰的教授，在他们的引导下卢瑟福对于科学研究的兴趣更加强烈，并已经做了两年电子学的先锋研究。而后 1891 年他以"电磁研究"获得科展的奖学金。

1895 年，卢瑟福再次获得奖学金，据说这天他正在田里挖马铃薯，卢瑟福得知考上剑桥大学，将手中的铁锹丢掉说："这是我挖的最后一颗马铃薯了"。到英国剑桥大学三一学院卡文迪许实验室做博士研究后，最开心的就是接受汤姆孙的指导。刚从新西兰到剑桥时，整日埋头苦读，被看做"光会挖土的野兔子"。在那里他暂短地保持了发现世界最长无线电波（2 英里）的记录，后来跟随发现电子的汤姆孙（J. J. Thomson）做研究。在研究物质放射性期间，他创造了术语：α（阿尔法）和 β（贝塔）射线，又经测定发现 β 射线是速度快、穿透力强的电子流。

在 1989 年，卢瑟福被指派担任加拿大麦吉尔大学物理系主任，实验中他发现了放射性的半衰期，并将放射性物质命名为 α 和 β 射线，这项实验被授予 1908 年的诺贝尔化学奖。他证明了放射性是原子的自然衰变。

但他不是很高兴，因为他自认为是物理学家，而非化学家。他的一个名言是："科学只有物理一个学科，其他不过相当于集邮活动而已。"他注意到在一个放射性物质样本里，一半的样本衰变的时间几乎是不变的，这就是该物质的"半衰期",并且他还就此现象建立了一个实用的方法,以物质半衰期作为时钟来检测地球的年龄,结果证明地球要比大多数科学家认为的老得多。

1911年,在他的金箔实验中,借由他发现和解释卢瑟福散射,他推测原子的核心有正电荷集中,进而开创了卢瑟福模型。

1919年,汤姆孙在升任三一学院院长时,推荐卢瑟福回到剑桥大学出任卡文迪许实验室的主任,在那里他培育出大批的诺贝尔奖得主,他的学生有丹麦的玻尔(N. H. D. Bohr)、德国的哈恩、新西兰的马斯顿、前苏联的卡皮察(P. L. Kapitsa)、澳大利亚的奥立芬特,以及英国的查德威克和考克饶夫(J. D. Cockcroft)等11位诺贝尔奖得主。

1925年卢瑟福获得英国政府颁发的功绩勋章,1931年被封为"纳尔逊的卢瑟福男爵"。他只有一位女儿,故爵位在他死后断绝。卢瑟福在1937年去世,因为医生延误开刀时间导致死亡,后葬于英国且被埋于牛顿墓的附近。

卢瑟福是一位伟大的导师,1933年狄拉克、薛定谔共同获得诺贝尔物理学奖。狄拉克却对卢瑟福说他不想出名,他想拒绝这个荣誉。卢瑟福对他说:"如果你这样做,你会更出名,人家更要来麻烦你。"

▊▊▊ 镎的发现

打从发现铀以后,人类认识化学元素的道路,是不是到达终点了呢?起初,有人兴高采烈,觉得这下子大功告成,再也不必去动脑筋发现新元素了!可是,更多的科学家觉得不满足。他们想,虽然从第1号元素氢到第92号元素铀,已经全部被发现了,可是,难道铀会是最末一个元素吗?谁能担保,在铀以后,不会有93号、94号、95号、96号……这么看来,周期表上的空白,并没有真的全被填满——因为在92号元素铀以后,还有许许多多"房间"空着呢!早在1934年,意大利物理学家费米就认为周期表的终点不在92号元素铀,在铀之后还存在"超铀元素"。费米试着用质子去轰击铀原子核,宣布自己制得了第93号元素。费米把这一新元素命名为"铀X"。可是,过了几年,费米的试验被人们否定了。人们仔细研究了

费米的试验，认为他并没有制得 93 号元素。因为当费米用质子轰击铀原子核时，把铀核撞裂了，裂成两块差不多大小的碎片，并不像费米所说的变成一个含有 93 个质子的原子核。

直到 1940 年，美国加利福尼亚大学的麦克米伦教授和物理化学家艾贝尔森在铀裂变后的产物中，发现了 93 号新元素！他们俩把这新元素命名为"镎"。镎的希腊文原意是"海王星"，这名字是跟铀紧密相连的，因为铀的希腊文原意是"天王星"。镎是银灰色的金属，具有放射性。它的

铀的外观

寿命很长，可以长达 220 万年，并不像砹、钫那样"短命"。在铀裂变后的产物中，含有微量的镎。在空气中，镎很易被氧化，表面蒙上一层灰暗的氧化膜。镎的发现，有力地说明了铀并不是周期表上的终点，说明化学元素大家庭的成员不只 92 个。镎的发现，还有力地说明镎本身也并不是周期表上的终点，在镎之后还有许多化学元素。镎的发现，鼓舞着化学家们在认识元素的道路上继续前进！

知识点

什么是镎

镎是一种放射性化学元素，英语 Neptunium。通常由人工合成。它的化学符号是 Np，它的原子序数是 93，属于锕系元素之一。

镎的拼音名称是海王星的意思。接续它之前的铀，是以天王星命名。

^{237}Np 是最稳定的同位素，它的半衰期有 2 144 000 年。

最早是在 1940 年合成的。而在铀矿中，^{238}U 会先捕获中子成为 ^{239}U，再透过 β 衰变成为 ^{239}Np（半衰期 2.35 天）。所以在天然环境中只有在铀矿中有极微量的镎存在。

延伸阅读

发明元素周期表的人

德米特里·伊万诺维奇·门捷列夫（1834—1907），19世纪俄国科学家，发现化学元素的周期性，依照原子量，制作出世界上第一张元素周期表，并据以预见了一些尚未发现的元素。

门捷列夫于1834年生于俄国西伯利亚的托博尔斯克市，18岁时，门捷列夫的父亲去世，母亲的工厂又被一场大火毁于一旦，家境一落千丈，但门捷列夫考入了托博尔斯克文科中学。

1849年，门捷列夫的母亲变卖家产，带着孩子四处求学，先后到过莫斯科、柏林和巴黎，最后在圣彼得堡高等师范学校为门捷列夫找到一个入读机会，1850年，门捷列夫就读物理数学系。同年9月，门捷列夫的母亲病逝，门捷列夫决心发愤读书，1855年以优异的成绩毕业，但由于被诊断出有肺结核，不得不到黑海边上的克里米亚半岛休养。在此期间，门捷列夫读完了硕士，并于两年后回到圣彼得堡。期间先后到过辛菲罗波尔、敖德萨担任中学教师。1857年他被圣彼得堡大学破格任命为化学讲师。

1859—1861年间，门捷列夫被选拔去德国和法国留学，在海德堡进行流体的毛细现象以及光谱仪制作的研究。1861年8月底他出版了一本关于光谱仪的著作，并赢得了很高的评价。1862年，门捷列夫结婚，第二年，成为圣彼得堡国立技术大学的教授。1865年被圣彼得堡大学授予博士学位，并聘为化学教授。

1869年，门捷列夫发现了元素周期律，并就此发表了世界上第一份元素周期表，按原子量的大小顺序排列的同时，将原子价相似的元素上下排成纵列。

1893年起，门捷列夫担任度量衡局局长。1890年当选为英国皇家学会外籍会员。1906年，诺贝尔化学奖委员会决定的人选是发明周期表的门捷列夫，但是瑞典皇家科学院的化学家阿伦尼乌斯百般阻挠，因为门捷列夫曾批评过阿伦尼乌斯的研究论文，得罪了他，因此丢掉了得奖的机会。次年（1907年）2月2日，这位享有世界盛誉的俄国化学家因心肌梗死与世长辞，那一天距离他的73岁生日只有6天。

不断壮大的元素周期表

19世纪中叶，世界上已经发现了60多种元素。这些元素从表面上看没有什么关系。然而门捷列夫对这些"杂乱无章"的元素，进行了大量的研究工作，按照元素原子量的大小依次排列，找到了元素的物理和化学性质周期性变化的规律，即元素的性质随原子量的递增而呈现周期性的变化。他把这一规律定名为"化学元素周期律"，并排出第一张元素周期表。后来，英国科学家莫斯莱提出了原子序数的概念，指出了原子序数和元素原子核电荷数间的关系，使人们认识到元素的性质实质上是随着核电荷数的递增而呈现周期性的变化。随着人们对元素周期律认识的深化，元素周期表也几经变化，并越来越能反映元素间的内在联系。元素周期律的发现，开创了化学发展的新纪元。元素周期表具体地反映着元素周期律，成为指导科学研究的有力工具。

我们知道，在地球上存在的天然化学元素只有92种，它们排列在化学元素周期表中前92号个格内。92号元素铀以后的化学元素，以镎（93号）、钚（94号）、镅（95号），直到1982年10月9日德国科学家越过108号元素的空位合成出的109号元素，都是通过人工方法得到的。到目前为止，得到世界各国科学家公认的化学元素，总共109种。那么，元素的这张名单，到底有没有尽头，会不会再有新元素出现呢？人们普遍认为109号元素决不是元素周期表的终点。不过再发现新元素将越来越困难，因为这些元素的寿命都很短很短，有的只有一百亿分之一毫秒左右（1秒等于1000毫秒）。随着电学、光学和放射学的发展，通过人工方法制得的92号以后的这十几种元素，都符合人们所预言的特性。例如，预言从100号元素开始，人造元素的"寿命"越来越短，事实恰恰如此。107号元素的"寿命"是10^{-3}秒；109号元素是10^{-5}秒；理论估计，110号元素只能存在8.6毫秒。如此"短命"的元素，目前虽然还不能被利用，但却有重要的理论价值。近几年来，出现了一种新理论，根据这种理论，有人预言，在尚待发现的元素中，还存在着一些孤立的稳定元素。

据有的科学家推算，114 号元素的寿命可达 1 亿年，将要像金、银、铜、铁一样"长寿"，可以在生产上得到广泛应用。当然这种理论是否正确，还有待于证明。从 104 号元素开始，人们进入了周期表中相对来说还未开发的区域。从原子核外电子排布的量子力学推算，人们预测第七周期（不完全周期）可以是 32 种元素，其结尾的元素为稀有元素 118 号（称为类氡）；第八周期可以是 50 种元素，其结尾的为 168 号元素，称为超氧。以后的元素将进入第九周期。目前寻找新元素的工作，主要从人工合成和在自然界里寻找两个方面进行。人工合成新元素是主要的。它主要是利用高能中子长期照射、核爆炸和重离子加速器等现代实验手段来实现的。

元素周期表

另外，也可从宇宙射线，从陨石和月岩中，以及从自然矿物中寻找新元素。元素新周期的开发和新元素的发现，是化学工作者十分感兴趣和共同关心的问题。据报道，不久前，几位美国科学家用 20 号元素钙轰击 96 号元素锔，产生了 116 号元素。这项研究如果被进一步检验证实，那么，周期表中又增加了新的成员。元素周期表的"大厦"中到底是个什么样子？这座"大厦"中究竟有多少"住户"？是否有一天会宣告"客满"？这还要化学工作者们不懈的努力。展望未来，随着科学技术的进步和科学家的努力，化学新元素将不断被发现，元素周期表的"大厦"定会建造成功，"大厦"中的所有"住户"们也一定会为人类作出新的贡献！

知识点

原子序数

原子序数是一个原子核内质子的数量。拥有同一原子序数的原子属于同一化学元素。原子序数的符号是 Z。

一般原子序数被写在元素符号的左下方：

$_1$H 是氢，$_8$O 是氧。

但因为一个元素的原子序数总是确定的，因此这个值很少被这样写出来。

德米特里·门捷列夫在制定他的元素周期表时发现，假如他将元素按其原子核质量来排列会出现一些不规则的情况。比如碲的原子核比碘重，但从化学性能上来说，碲明显是与氧、硫、硒一族的，而碘与氟、氯、溴是一族的，也就是说，碘要排在碲之后。1913 年亨利·莫塞莱发现这个异常的解决方法是不按原子核质量，而是按原子核的电荷数，即原子序数来排列。

延伸阅读

陨石的起源

陨石是起源于外太空，撞击到地球表面后残存的天然物体。当它还在太空时称为流星体，当它进入大气层时，撞击压力使这个物体被加热和放射出光线，于是成为火球，也就是所谓的流星。火球这个名词显示这是来自地球之外并与地球碰撞的一个物体，或是极端明亮，类似火球这样的流星最终将撞击到地球的表面。

更通俗地说，陨石是来自太空中任何地方，落在地球表面上的自然天体。月球和火星上也发现到了陨石。

陨石因为撞击或经过大气层时发光成为流星时被观测到且被寻获的称为坠落陨石，所有其他的陨石都称为发现陨石。截至 2010 年 2 月，全世界收藏的坠落陨石标本大约有 1 086 颗；相对的，被认定的发现陨石则有 38 660 颗。

生命离不开微量元素

人体是由许多化学元素组成：蛋白质主要由 C、H、O、N、P 组成，氨基酸主要由 C、H、O、N、S 组成。

人体所需微量元素为：铁、锌、硒、碘、铜、锰、铬、氟、钼、钴、镍、锡、硅、钒。

此外，亦有资料认

蛋白质结构

为锶、砷、硼为人或动物所必需。（1）人体必需微量元素，共 8 种，包括碘、锌、硒、铜、钼、铬、钴及铁。（2）人体可能必需的元素，共 5 种，包括锰、硅、硼、钒及镍。（3）具有潜在的毒性，但在低剂量时，可能具有人体必需功能的元素，包括氟、铅、镉、汞、砷、铝及锡，共 7 种。

人体中的微量元素溶融在人体的血液里。如果缺少了这样那样的微量元素，人就会得病，甚至导致死亡。正常人每天都要摄取各种有益于身体的微量元素，即铁、锌、铜、锰、碘、钴、锶、铬、硒等微量元素。

微量元素虽然在人体中需求量很低，但其作用却非常大。如："锰"能刺激免疫器官的细胞增值，大大提高具有吞噬、杀菌、抑癌、溶瘤作用的巨噬细胞的生存率。"锌"是直接参与免疫功能的重要生命相关元素，因为锌有免疫功能，故白细胞中的锌含量比红细胞高 25 倍。"锶、铬"可预防高血压、防治糖尿病、高血脂、胆结石。"碘"能治甲状腺肿、动脉硬化，提高智力和性功能。"硒"是免疫系统里抗癌的主要元素，可以直接杀伤肿瘤细胞。

生物功能

1. 组成生物体内的蛋白质、脂肪、碳水化合物和核糖核酸的提供基础的结构单元，也是组成地球上生命的基础。这些元素包括碳、氢、氧、氮、硫、磷。

生命的基本单元氨基酸、核苷酸是以碳元素做骨架变化而来的。先是一节碳链一节碳链地接长，演变成为蛋白质和核酸；然后演化出原始的单细胞，又演化出虫、鱼、鸟、兽、猴子、猩猩，直至人类。这三四十亿年的生命交响乐，它的主旋律是碳的化学演变。可以说，没有碳，就没有生命；碳，是生命世界的栋梁之材。

氮是构成蛋白质的重要元素，占蛋白质分子重量的 16% ~ 18%。蛋白质是构成细胞膜、细胞核、各种细胞器的主要成分。动植物体内的酶也是由蛋白质组成的。此外，氮也是构成核酸、脑磷脂、卵磷脂、叶绿素、植物激素、维生素的重要成分。由于氮在植物生命活动中占有极重要的地位，因此人们将氮称之为生命元素。

氨基酸和一些常见的酶含硫，因此硫是所有细胞中必不可少的一种元素。

磷素是构成各种生命物质所必需的成分。人体内矿物质的 20% 是磷，它是体内含量第二丰富的矿质营养元素，而磷含量中的 80% 存在于骨骼和牙齿中，其余的磷广泛分布于体内各细胞的脂肪、蛋白质、糖类、酶和盐类中。在细胞中，磷是基因结构的基础（DNA、RNA、基因、染色体）并且在自然界的生命活动中以 ATP 和 ADP 的形式对生物能量的产生、转换和储藏起关键作用。在植物体内，磷是光合作用、呼吸作用、细胞功能、基因转移和繁殖过程所必需的。

2. 钠、钾和氯离子的主要功能是调节体液的渗透压，电解质的平衡和酸碱平衡，通过钠 - 钾泵，将钾离子、葡萄糖和氨基酸输入细胞内部，维持核糖体的最大活性，以便有效地合成蛋白质。钾离子也是稳定细胞内酶结构的重要辅助因子。同时，钠离子、钾离子还参与神经信息的传递。

3. 钙和氟是骨骼、牙齿和细胞壁形成时的必要结构成分（如磷灰石、碳酸钙等），钙离子还在传送激素影响、触发肌肉收缩和神经信号、诱发血液凝结和稳定蛋白质结构中起着重要的作用。

4. 镁离子参与体内糖代谢及呼吸酶的活性，是糖代谢和呼吸不可缺少的辅助因子，与乙酰辅酶 A 的形成有关，还与脂肪酸的代谢有关。参与蛋白质合成时起催化作用。与钾离子、钙离子、钠离子协同作用共同维持肌肉神经系统的兴奋性，维持心肌的正常结构和功能。另一个有镁参与的重要生物过程是光合作用，在此过程中含镁的叶绿素捕获光子，并利用此能量固定二氧化碳而放出氧。

5. 铁（二、三价）的主要功能是作为机体内运载氧分子的呼吸色素。例如，哺乳动物血液中的血红蛋白和肌肉组织中的肌红蛋白的活性部位都由铁（二价）和卟啉组成。其次，含铁蛋白（如细胞色素、铁硫蛋白）是生物氧化还原反应中的主要电子载体，它是所有生物体内能量转换反应中不可缺少的物质。

6. 铜（一、二价）的主要功能与铁相似，起着载氧色素（如血蓝蛋白）和电子载体（如铜蓝蛋白）的作用。另外，铜对调节体内铁的吸收、血红蛋白的合成以及形成皮肤黑色素、影响结缔组织、弹性组织的结构和解毒作用都有关系。

7. 锌离子是许多酶的辅基或酶的激活剂。维持维生素 A 的正常代谢功能及对黑暗环境的适应能力，维持正常的味觉功能和食欲，维持机体的生长发育特别是对促进儿童的生长和智力发育具有重要的作用。

8. 锰（二、三价）是水解酶和呼吸酶的辅因子。没有含锰酶就不可能进行专一的代谢过程，如尿的形成。锰也是植物光合作用过程中光解水的反应中心。此外，锰还与骨骼的形成和维生素 C 的合成有关。

9. 钼是固氮酶和某些氧化还原酶的活性组分，参与氮分子的活化和黄嘌呤、硝酸盐以及亚硫酸盐的代谢。阻止致癌物亚硝胺的形成，抑制食管和肾对亚硝胺的吸收，从而防止食管癌和胃癌的发生。

10. 钴是体内重要维生素 B_{12} 的组分。维生素 B_{12} 参与体内很多重要的生化反应，主要包括脱氧核糖核酸（DNA）和血红蛋白的合成，氨基酸的代谢和甲基的转移反应等。

11. 铬（三价）是胰岛激素的辅助因子，也是胃蛋白酶的重要组分，还经常与核糖核酸（RNA）共存。它的主要功能是调节血糖代谢，帮助维持体内所允许的正常葡萄糖含量，并和核酸脂类、胆固醇的合成以及氨基酸的利用有关。

12. 钒、锡、镍是人体有益元素，钒能降低血液中胆固醇的含量。锡可能与蛋白质的生物合成有关。镍能促进体内铁的吸收、红细胞的增长和氨基酸的合成等。

13. 硅是骨骼、软骨形成的初期阶段所必需的组分。同时，能使上皮组织和结缔组织保持必需的强度和弹性，保持皮肤的良好的化学和机械稳定性以及血管壁的通透性，还能排除机体内铝的毒害作用。

14. 硒是谷胱甘肽过氧化物酶的必要构成部分，具有保护血红蛋白免受过氧化氢和过氧化物损害的功能，同时具有抗衰老和抗癌的生理作用。

15. 碘参与甲状腺素的构成。溴以有机溴化物的形式存在于人和高等动物的组织和血液中。生物功能有待进一步确证。

16. 砷是合成血红蛋白的必需成分。

17. 硼对植物生长是必需的，尚未确证为人体必需的营养成分。

如何摄取

人体必需微量元素共8种，包括碘、锌、硒、铜、钼、铬、钴、铁。

野山菌中的铁、锌、铜、硒、铬含量较多，经常食用野山菌可补充微量元素的不足。

含碘量丰富的食物为海产品，如食盐、海带、紫菜、鲜鱼、蚶干、干贝、淡菜、海参、海蜇等。

补铁：各种动物肝脏、牛肉、鳝鱼、猪血。

补锌：牡蛎、鲱鱼、瘦肉、鱼类等。

补铜：动物肝脏、硬壳果、豆类、牡蛎。

补锰：坚果、谷物、咖啡、茶叶等。

补碘：海带及各种海味。

补铬：牛肉、动物肝、粗粮、黑胡椒等。

补硒：鸡蛋、动物内脏、鱼类等。

补钴：各种海味、蜂蜜、肉类等。

注意：保健品、药品并非补充微量元素的首选。由于各种食物中所含的微量元素种类和数量不完全相同，只要平时的膳食结构做到粗、细粮结合，荤素搭配，不偏食不挑食，就能基本满足人体对各种元素的需要。人如果表现出缺乏某种微量元素的症状，其实缺的通常并不止是一种微量元素，而是多种。但如通过保健品补充，往往只能缺什么补什么。如果通过均衡饮食，则可以吸收食物中的多种微量元素。

知识点

蛋白质的作用

蛋白质是细胞中的主要功能分子。除了特定类别的 RNA，大多数的其他生物分子都需要蛋白质来调控。蛋白质也是细胞中含量最为丰富的分子之一。例如，蛋白质占大肠杆菌细胞干重的一半，而其他大分子如 DNA 和 RNA 则只分别占 3% 和 20%。

蛋白质能够在细胞中发挥多种多样的功能，涵盖了细胞生命活动的各个方面：发挥催化作用的酶；参与生物体内的新陈代谢的调剂作用，如胰岛素；一些蛋白质具有运输代谢物质的作用，如离子泵和血红蛋白；发挥储存作用，如植物种子中的大量蛋白质，就是用来萌发时的储备；许多结构蛋白被用于细胞骨架等的形成，如肌球蛋白；还有免疫、细胞分化、细胞凋亡等过程中都有大量蛋白质参与。

延伸阅读

高血压与低血压

高血压是持续血压过高的疾病，会引起中风、心脏病、血管瘤、肾功能衰竭等疾病。

因患者个体感受阈值的不同，高血压可无病症，常由量血压后才发现，有时会出现后颈部疼痛的症状，严重时或有头晕呕吐现象。

高血压主要增加心血管疾病如中风、心脏冠状动脉疾病、视网膜病变、肾硬化等的患病率及死亡率。高血压常列入十大死因，若并发有心脏肾脏等其他疾病，对健康的影响更是重大。

低血压在生理学及医学上是指血压不正常的低。比起病症，低血压较适合称做一种生理状况。纵然没有明确指明，但它一般都与休克有关联。低血压须与高血压分开，因高血压的血压是升高，而低血压则是相反。

低血压的主要征状是头昏及全身无力。如果血压低至某个程度，可能会出现昏厥，甚至癫痫等情况。低血压一般都会有以下征状，但多是与低血压的成因有关，而非低血压本身的影响：

胸痛；

呼吸困难；

心律不齐；

发热高于 38.3℃；

头疼；

颈部僵硬；

严重的背痛；

咳嗽带有痰；

延长的痢疾或呕吐；

吞咽困难；

排尿困难；

尿液带有恶臭；

使用药物后的不良反应；

激烈或危害生命的过敏反应；

眩晕；

癫痫；

人事不省；

疲劳。

耐人寻味的气体

>>>>>

气体在自然界中无处不在。气体是物质的一个态，与液体一样，是流体：它可以流动，可变形。与液体不同的是，气体可以被压缩。假如没有限制（容器或压力场）的话，气体可以扩散，其体积不受限制，没有固定。气态物质的原子或分子相互之间可以自由运动。

正因为气体具有轻、无形、可压缩、可膨胀、可弥漫、可隐藏等不同的特性，因此出现了一些有趣的现象。例如臭氧既可助人又会害人，因此令人爱恨交加；"笑气"具有麻醉性，使人感觉不到疼痛；二氧化碳既是地球的"棉被"，又能使全球变暖，破坏生态平衡；等等。神奇的气体既满足了我们的好奇心，又留给了我们一些值得深思的问题。

空气的实验

空气是地球上的动植物生存的必要条件，动物呼吸、植物光合作用都离不开空气。大气层可以使地球上的温度保持相对稳定，如果没有大气层，白天温度会很高，而夜间温度会很低。大气层可以吸收来自太阳的紫外线，保护地球上的生物免受伤害。大气层可以阻止来自太空的高能粒子过多地进入地球，阻止陨石撞击地球，因为陨石与大气摩擦时既可以减速又可以燃烧。风、云、雨、雪的形成都离不开大气，声音的传播要利用空气。降落伞、减速伞和飞机也都利用了空气的作用力。一些机器要利用压缩空气进行工作等等。

空气是人们赖以生存的。可是，空气是什么？它是由什么组成的呢？

在远古时代，空气曾被人们认为是简单的物质，在1669年梅猷曾根据蜡烛燃烧的实验，推断空气的组成是复杂的。德国史达尔约在1700年提出了一个普遍的化学理论，就是"燃素学说"。他认为有一种看不见的所谓的燃素，存在于可燃物质内。例如蜡烛燃烧，燃烧时燃素逸去，蜡烛缩小下塌而化为灰烬，他认为，燃烧失去燃素现象，即：蜡烛 - 燃素 = 灰烬。然而燃素学说终究不能解释自然界变化中的一些现象，它存在着严重的矛盾。第一是没有人见过"燃素"的存在；第二金属燃烧后质量增加，那么"燃素"就必然有负的质量，这是不可思议的。

1771年，在瑞典的一个药房里，药剂师卡尔·杜勒做了一个有趣的实验。他从水里夹出了块橡皮似的黄磷，扔进一个空瓶子。黄磷是个脾气暴躁的家伙，它凭空也会"发火"——在空气中会自燃。杜勒把黄磷扔进空瓶子之后，立即用玻璃片盖上瓶口，黄磷燃烧起来了，射出白得眩目的光芒，瓶里弥漫着白色的浓烟。因为杜勒把瓶子盖死了，所以，黄磷虽然在一开始烧得挺猛烈，但是没一会儿就熄灭了。当杜勒把瓶子倒放到水里，移开玻璃时，水就会自动跑上来，而且总是跑进约1/5的地方。杜勒感到很奇怪，他想：瓶里剩下来的气体是什么呢？当他再把黄磷放进时，黄磷不再"发火"了。他小心翼翼地把一只小老鼠放进瓶子里，只见它拼命地挣扎，不一会儿就死掉了。这件事引起了法国化学家拉瓦锡的注意。1774年法国的化学家拉瓦锡提出燃烧的氧化学说，才否定了燃素学说。拉瓦锡在进行铅、汞等金属的燃烧实验过程中，他把少量汞放在密闭容器中加热12天，发现部分汞变成红色粉末，同时，空气体积减少了1/5左右。通过对剩余气体的研究，他发现这部分气体不能供给呼吸，也不助燃，他误认为这全部是氮气。

拉瓦锡又把加热生成的红色粉末收集起来，放在另一个较小的容器中再加热，得到汞和氧气，且氧气体积恰好等于密闭容器中减少的空气体积。

他把得到的氧气导入前一个容器，所得气体和空气性质完全相同。

通过实验，拉瓦锡得出了空气由氧气和氮气组成，氧气占总体积的1/5。他把剩下的4/5气体叫做氮气，在他证明了普利斯特列和舍勒从氧化汞分解制备出来的气体是氧气以后，空气的组成才确定为氮气和氧气。氧气能助燃，氮气不能助燃。19世纪前，人们认为空气中仅有氮气与氧气。后来陆续发现了一些稀有气体。目前，人们已能精确测量空气成分。根据测定，证明干燥空气中（按体积比例计算）：氧气约占21%，氮气约占78%，稀有气体约占0.94%，二氧化碳约占0.03%，其他杂质约占0.03%。因此空气是构成地球周围大气的气体。无色，无味，主要成分是氮气和氧气，还有极少量的氦、氖、氩、氪、氙等稀有气体和水蒸气、二氧化碳和尘埃等。

空气的成分以氮气、氧气为主，是长期以来自然界里各种变化所造成的。在原始的绿色植物出现以前，原始大气是以一氧化碳、二氧化碳、甲烷和氨为主的。在绿色植物出现以后，植物在光合作用中放出的游离氧，使原始大气里的一氧化碳氧化成为二氧化碳，甲烷氧化成为水蒸气和二氧化碳，氨氧化成为水蒸气和氮气。以后，由于植物的光合作用持续地进行，空气里的二氧化碳在植物发生光合作用的过程中被吸收了大部分，并使空气里的氧气越来越多，终于形成了以氮气和氧气为主的现代空气。

空气是混合物，它的成分是很复杂的。空气的恒定成分是氮气、氧气以及稀有气体，这些成分所以几乎不变，主要是自然界各种变化相互补偿的结果。空气的可变成分是二氧化碳和水蒸气。空气的不定成分完全因地区而异。例如，在工厂区附近的空气里就会因生产项目的不同，而分别含有氨气、酸蒸气等。另外，空气里还含有极微量的氢、臭氧、氮的氧化物、甲烷等气体。灰尘是空气里或多或少的悬浮杂质。总的来说，空气的成分一般是比较固定的。

分层的空气

空气包裹在地球的外面，厚度达到数千千米。这一层厚厚的空气被称为大气层。大气层分为几个不同的层，这几个气层其实是相互融合在一起的。我们生活在最下面的一层（即对流层）中。在同温层，空气要稀薄的多，这里有一种叫做"臭氧"（氧气的同素异形体）的气体，它可以吸收太阳光中有害的紫外线。同温层的上面是电离层，这里有一层被称为离子的带电微粒。电离层的作用非常重要，它可以将无线电波反射到世界各地。若不考虑水蒸气、二氧化碳和各种碳氢化合物，则地面至 100 千米高度的空气平均组成保持恒定值。在 25 千米高空臭氧的含量有所增加。在更高的高空，空气的组成随高度而变，且明显地同每天的时间及太阳活动有关。

"沉重" 的空气

空气并非没有重量——一桶空气的重量大约相当于一本书中两页纸的重量。大气层中的空气始终给我们以压力，这种压力被

大气层中的气体散射

称为大气压，我们人体每平方厘米上大约要承受 1 千克的重量。因为我们体内也有空气，这种压力体内外相等，所以，大气的压力才不会将我们压垮。

知识点

大气层垂直结构

大气层垂直结构大致可分为对流层、平流层、中间层、游离层及外气层，分述如下：

对流层：最接近地面的大气层称为对流层，平均高度约 10 千米。对流层高度随纬度变化，在赤道最高约为 15 千米，极地最低约 8 千米。顾名思义，对流层是对流最旺盛的区域，也是天气现象发生的地方。大气中的水汽，约有 80% 存在于对流层，因此它也是蒸发、云、雨等最经常出现的区域。平均而言，对流层温度随高度降低，每上升 100 米，温度下降约 0.6℃。

平流层：含有臭氧，具有吸收紫外线功能，保护地球上所有生物的生存和地表免于受阳光中强烈的紫外线致命的侵袭，又叫同温层。因为在同温层内部的臭氧层有吸收太阳辐射的功能，在此层的气温会随高度增加。

中间层：此层主要成分有臭氧、氧气、二氧化碳、氮的氧化物，这些部分是由光化学作用引起之产物，故又称光化层。

游离层：又称增温层、电离层。空气极稀薄，而离子特别多。温度相当高，且随高度升高而温度升高。

外气层：外太空的起点，含元素中最轻的两种气体：氢（H）及氦（He）。

延伸阅读

降落伞的发明

降落伞，又称保险伞，在航空科学技术中，是主要由透气的柔性织物制成并可折叠包装在伞包或伞箱内，工作时相对于空气运动，充气展开，使人或物体减速、稳定的一种气动力减速器。它通常有一个面积很大的伞盖，可以产生很大的空气阻力。下落的人或物体通过绳索与伞盖相连。降落伞可以保证在空中下落的人或物体的安全。降落伞是空降兵的重要装备。利用降落伞，人们还可以控制下降的方向，保证降落地点的准确性。

降落伞是什么时候发明的呢？

司马迁在《史记·五帝本纪》中，有上古帝王舜应用降落伞原理的记载。

"瞽叟尚复欲杀之，使舜上涂廪，瞽叟从下纵火焚廪。舜乃以两笠自捍而下，去，得不死。"

即传说舜经常遭到他父亲瞽叟的迫害。一次，瞽叟趁舜在粮仓顶上劳作，点燃了粮仓。但舜双手持着两个大斗笠飘然跃下，并没有被烧死。某些学者认为这是人类最早应用降落伞的记载。据传在公元 1206 年前后的皇帝登基大典上，也有杂技艺人持巨大纸伞由高墙跃下的表演。类似的表演传到了东南亚一些国家，不久又传入了欧洲。

也有人认为，降落伞是阿拉伯人在公元 9 世纪左右发明的。

在欧洲中世纪亦有类似降落伞的工具的记录。在 1178 年远有伊斯兰教徒从高塔跳下来，但重伤而亡。1485 年，达·芬奇在米兰画下了降落伞的草图，设计了降落伞的初步形象。1617 年克罗地亚的发明家 Faust Vrančić 根据达·芬奇的降落伞草图制作了成品，并进行了试验。

1783 年，法国人 Sebastien Lenormand 发明了新型的降落伞。1785 年，Jean Pierre Blanchard 使用降落伞从热气球上安全跃下。

之后，人们在降落伞的框架上面铺设了用麻布制作的东西，增大空气阻力，从而减低了降落伞的危险性。1790 年有人用更轻的丝制品试制了降落伞。1797 年安德烈－雅克·加纳林用新的丝制降落伞进行了降落试验。随后，加纳林又设计了为降落伞排气口增加稳定的降落伞。

1912 年 3 月 1 日，美国陆军上尉在密苏里州进行了来自飞机的降落伞的测试。1913 年 Štefan Banič 第一次取得了现代的降落伞的专利权。

令"全球变暖"的二氧化碳

二氧化碳在常温常压下为无色微酸味的气体。

17 世纪初，比利时化学家范·海尔蒙特（J. B. Van. Helmont 1577—1644）在检测木炭燃烧和发酵过程的副产气时，发现二氧化碳。1757 年，J. Black 第一个应用定量的方法研究这种气体。1773 年，拉瓦锡（A. L. Lavoisier）把碳放在氧气中加热，得到被他称为"碳酸"的二氧化碳气体，测出质量组成为碳 23.5% ~ 28.9%，氧 71.1% ~ 76.5%。1823 年，迈克尔·法拉第（M. Faraday）发现，加压可以使二氧化碳气体液化。1835 年，M. Thilorier 制得固态二氧化碳（干冰）。1884 年，在德国建成第一家生产液态二氧化碳的工厂。

在自然界中二氧化碳含量丰富，为大气组成的一部分。二氧化碳也包含在某些天然气或油田伴生气中以及碳酸盐形成的矿石中。大气里含二氧化碳为 0.03% ~ 0.04%（体积比），总量约 2.75×10^{12} 吨，主要由含碳物质燃烧和动物的新陈代谢产生。在国民经济各部门，二氧化碳有着十分广泛的用途。二氧化碳产品主要是从合成氨、制氢气过程生成气、发酵气、石灰窑气、酸中和气、乙烯氧化副反应气和烟道气等气体中提取和回收，目前，商用产品的纯度不低于 99%（体积）。

二氧化碳不但是绿色植物通过光合作用合成淀粉的不可缺少的物质，同时还起着保护地球的作用，因而通常又称它为地球的"棉被"。大家知道，太阳的短波辐射（主要是可见光）很容易透过大气层达到地球表面。大气中的二氧化碳和水蒸汽一样，对红外波辐射有强烈的吸收作用，能"截留"它，不让它逸散到空间去，因而可增加低层大气的温度，这就是通常所说的"温室效应"。在现实中，地面和大气层在整体上吸收太阳辐射后能平衡于释放红外线辐射到太空外。但受到温室气体的影响，大气层吸收红外线辐射的分量多过它释放出到太空外，这使地球表面温度上升，此过程可称为"天然的温室效应"。但由于人类活动释放出大量的温室气体，结果让更多红外线辐射被折返到地面上，加强了"温室效应"的作用。如果没有大气，地表平均温度就会下降到 -23℃，而实际地表平均温度为15℃，这就是说温室效应使地表温度提高 38℃。随着社会经济的高速发展，不断消耗天然资源，大气中的二氧化碳迅速增加。

科学家预测，今后大气中二氧化碳每增加 1 倍，全球平均气温将上升1.5℃ ~ 4.5℃，而两极地区的气温升幅要比平均值高 3 倍左右。美国科学家还认为，甲烷的"温室效应"比二氧化碳的效果强 300 倍，氟利昂比二氧化碳强 20 000 倍。特别值得指出的是，这些在空气中的痕量气体起着"放大器"的作用，能将二氧化碳的温室效应加以放大，进一步促进地球变暖。对待气候变暖，应一分为二地去看。好的一面，气候变暖可使植物生长期延长，有利于植物生长，有利于农业生产。

同时，也应看到气候变暖带来一些不利因素：

（1）气候转变："全球变暖"造成大气层云量及环流的转变，当中某些转变可使地面变暖加剧（正反馈），某些则可令变暖过程减慢（负反馈）等不良后果；（2）地球上的病虫害增加。美国科学家曾发出警告，由于全球气温上升令北极冰层融化，被冰封十几万年的史前致命病毒可能会重见天日，导致全球陷入疫病恐慌，人类生命受到严重威胁；（3）海平面上升，假若"全球变暖"持续发生，会导致海平面升高。全球暖化使南北极的冰层迅速融化，海平面不断上升。世界银行的一份报告显示，即使海平面只小幅上升1米，也足以导致5600万发展中国家人民沦为难民；（4）气候反常，海洋风暴增多；（5）土地干旱，沙漠化面积增大；（6）经济的影响：全球有超过一半人口居住在沿海100千米的范围以内，其中大部分住在海港附近的城市区域。所以，海平面的显著上升对沿岸低洼地区及海岛会造成严重的经济损害等不良后果。

温室效应和全球气候变暖已经引起了世界各国的普遍关注，目前正在推进签署国际气候变化公约，减少二氧化碳的排放已经成为大势所趋。为此，世界各国都在采取措施，积极迎接环境变化的挑战，预防气候的进一步变化。迄今规模最大的一次全球盛会——联合国环境与发展大会于1992年6月3日至14日在巴西里约热内卢举行。会议通过了保护世界环境的4个文件。各国都必须很好遵守。因为大气环境问题，是一个全球性的问题，只有各国共同努力，才有希望改善大气环境问题。节约能源，开发新能源，尤其是要发展太阳能、核能，因为太阳能、核能不会对气候产生有害影响。千方百计减少向大气释放甲烷、氟利昂、二氧化碳等气体，以使地球覆盖的"棉被"不致于太厚。绿色植物是大自然的调节师，是制造有机物的"绿色工厂"，它能吸收二氧化碳，吐出氧气，对保持生态平衡有着重要作用。为此必须采取有力措施，大力植树造林，美化、绿化环境，使大自然的调节师——绿色植物，有足够的能力调节大气的组成，减少二氧化碳的增多。总之，为了人类的生存与发展，造福于子孙后代，我们既要保护地球的"棉被"，同时又要不使"棉被"太厚，预防气候变坏。

知识点

干 冰

干冰，是二氧化碳的固体形式。在正常气压下，二氧化碳的凝固

点是 -78.5℃，在保持物体维持冷冻或低温状态下非常有用。它无色，无味，不易燃，略带酸性。干冰的密度各不相同，但通常约为 1.4 ~ 1.6 g/cm³。

干冰能够急速地冷冻物体和降低温度，并且可以用隔离手套来做配置。现在干冰已经被广泛地使用在许多层面了，干冰在增温时是由固态直接升华为气态，直接转化为气体而省略转为液态的程序，因此其相变并不会产生液体，也因此我们称它为"干冰"。要将二氧化碳变成液态，就必须加大压强至 5.1 大气压才会出现液态二氧化碳。

延伸阅读

历史上的全球变暖

根据仪器记录，相对于 1860 年至 1900 年期间，全球陆地与海洋温度上升了 0.75℃。自 1979 年至今，陆地温度上升速度比海洋温度快一倍（陆地温度上升了 0.25℃，而海洋温度上升了 0.13℃）。根据卫星温度探测，对流层的温度每 10 年上升 0.12℃ ~ 0.22℃。在 1850 年前的一两千年，虽然曾经出现中世纪温暖时期与小冰河时期，但是大众相信全球温度是相对稳定的。

根据美国国家航空航天局戈达德太空研究所的研究报告估计，自 1800 年有测量仪器广泛地应用开始，2005 年是地球有温度记录以来第二温暖的年份，比 1998 年的年平均地表温度记录低了 0.06℃。世界气象组织和英国气候研究单位也有类似的估计，曾经预计 2005 年是仅次于 1998 年第二温暖的年份。

在人类近代历史才有一些温度记录。这些记录都来自不同的地方，精确度和可靠性都不尽相同。在 1860 年才有类似全球温度仪器记录，相信当年的记录很少受到城市热岛效应的影响。从最近的千禧年内的多方记录所展示的长远展望，在过去 1 000 年的温度记录中可以看到有关的讨论及其中的差异。最近 50 年的气候转变的过程是十分清晰的，全赖详细的温度记录。到了 1979 年，人类更开始利用卫星温度测量来量度对流层的温度。

在 2000 年后，各地的高温记录经常被打破。譬如：2003 年 8 月 11 日，瑞士格罗诺镇录得 41.5℃，破 139 年来的记录。同年 8 月 10 日，英国伦敦的温度达到 38.1℃，破了 1990 年的记录。同期，巴黎南部晚上测得最低温度为 25.5℃，破了 1873 年以来的记录。8 月 7 日夜间，德国也打破了百年最高气温记录。在 2003 年夏天，台北、上海、杭州、武汉、福州都破了当地高温记录，而中国浙江省更快速地屡破高温记录，67 个气象站中 40 个都刷新记录。2004 年 7 月，广州的罕见高温打破了 53 年来的记录。2005 年 7 月，美国有 200 个城市都创下历史性高温记录。2006 年 8 月 16 日，中国重庆最高气温高达 43℃。台湾宜兰在 2006 年 7 月 8 日温度高达 38.8℃，破了 1997 年的记录。2007 年 8 月 16 日，日本埼玉县熊谷市温度高达 40.9℃，破了 1933 年日本山形市的记录。

一分为二看臭氧

臭氧又名三原子氧，俗称"福氧、超氧、活氧"，分子式是 O_3。臭氧在常温常压下呈淡蓝色的气体，伴有一种有鱼腥臭的味道，故名。臭氧的稳定性极差，在常温下可自行分解为氧气，因此臭氧不能贮存，一般现场生产，立即使用。臭氧是目前已知的一种广谱、高效、快速、安全、无二次污染的杀菌气体，可杀灭细菌芽孢、病毒、真菌等，并可破坏肉杆菌毒素。可杀灭附在水果、蔬菜、肉类等食物上的大肠杆菌、金黄色葡萄球菌、沙门菌、黄曲霉菌、镰刀菌、冰岛青霉菌、黑色变种芽孢、自然菌、淋球菌等，也可杀死甲、乙肝等传染病毒，还可以去除果蔬残留农药及洗涤用品残留物的

低温下溶解的臭氧

毒性。其杀菌的机制是作用于细菌的细胞膜，使细胞膜构成受到损坏，导

致新陈代谢的障碍抑制其生长，直至死亡；其杀灭病毒的机制是通过直接破坏其核糖核酸或脱氧核糖核酸来完成。其降解农药的机制是通过直接破坏其化学键来实现。臭氧能杀死病毒细菌，而健康细胞具有强大的平衡系统，因而臭氧对健康细胞危害较小。

臭氧，是大气中的一种自然微量成分。它在空气中平均浓度，按体积计算，只有3%，且绝大部分位于离地面约20千米的高空。在那里，臭氧的浓度可达8%～10%，人们把那里的大气叫做臭氧层。

紫外线从多方面影响着人类健康，人体会发生如晒斑、眼病、免疫系统变化、光变反应和皮肤病（包括皮肤癌）等；紫外线可削弱光合作用，严重阻碍各种农作物和树木的正常生长……臭氧层可以抵御紫外线的侵袭。由于氟利昂的过量排放却造成了臭氧空洞，严重危害人类。

为了防止臭氧空洞进一步加剧，保护生态环境和人类健康，1990年各国制定了《蒙特利尔议定书》，对氯氟烃的排放量规定了严格的限制。世界上还为此专门设立国际保护臭氧层日。由此给人的印象似乎是受到保护的臭氧应该越多越好，令人爱恨交加的臭氧其实不是这样，如果大气中的臭氧，尤其是地面附近的大气中的臭氧聚集过多，对人类来说臭氧浓度过高反而是个祸害。这些臭氧是从哪里来冒出来的呢？同铅污染、硫化物等一样，它也是源于人类活动，汽车、燃料、石化等是臭氧的重要污染源。在车水马龙的街上行走，常常看到空气略带浅棕色，又有一股辛辣刺激的气味，这就是通常所称的光化学烟雾。空气中臭氧浓度在0.012ppm水平时——这也是许多城市中典型的水平，能导致人皮肤刺痒，眼睛、鼻咽、呼吸道受刺激，肺功能受影响，引起咳嗽、气短和胸痛等症状；空气中臭氧水平提高到0.05ppm，入院就医人数平均上升7%～10%。原因就在于，作为强氧化剂，臭氧几乎能与任何生物组织反应。当臭氧被吸入呼吸道时，就会与呼吸道中的细胞、流体和组织很快反应，导致肺功能减弱和组织损伤。对那些患有气喘病、肺气肿和慢性支气管炎的人来说，臭氧的危害更为明显。

从臭氧的性质来看，它既可助人又会害人，它既是上天赐予人类的一把保护伞，有时又像是一剂猛烈的毒药。人类既要采取措施保护臭氧层，同时也要注意环境保护，共建和谐家园。

知识点

南极臭氧层空洞

臭氧层空洞是地球大气上空平流层（臭氧层）的臭氧从 20 世纪 70 年代开始，以每 10 年 4% 的速度递减的一种现象。在两极地区的部分季节，递减速度还超过每 10 年 4%，而在春季时连对流层的臭氧也在减少，形成所谓臭氧层空洞。

1984 年，英国科学家首次发现南极上空出现臭氧洞。最早正式公布南极臭氧层空洞的是由英国南极勘测局的科学家在 1985 年 5 月份的《自然》杂志上发表的文章，因为他们观测的空洞比以前估计的要大得多，在科学界引起震惊。同时卫星测量也显示出同样的结果，实际卫星数据在 1976 年就已经观测到这个空洞，但当时的质量控制算法认为存在误差，认为结果是错误的，直到卫星在原地多次测定的数据被证实。

南极上空臭氧层空洞是由于极地涡旋造成，云层中的反应和气体中完全不同，这种结论被实验室、飞机高空实验和对南极平流层的高空 ClO 浓度观测等所证实。

延伸阅读

国际臭氧层保护日

每年的 9 月 16 日是国际臭氧层保护日。

随着人类活动的加剧，地球表面的臭氧层出现了严重的空洞，1974 年被美国加利福尼亚大学的教授弗兰克·舍伍德·罗兰（F. Sherwood Rowland）和马里奥·莫利纳（Mario Molina）发现。

1987 年 9 月 16 日，全球 46 个国家的代表在加拿大蒙特尔签署《关于消耗臭氧层物质的蒙特利尔议定书》（目前已有170多个国家签署），标志着各国将对保护南北臭氧层开始具体行动。

蒙特利尔议定书规定，参与条约的每个成员组织，将冻结并依照缩减时间表来减少5种氟利昂的生产和消耗，冻结并减少3种溴化物的生产和消耗。5种氟利昂的大部分消耗量，从1989年7月1日起冻结在1986年使用量的水平上；从1993年7月1日起，其消耗量不得超过1986年使用量的80%；从1998年7月1日起，减少到1986年使用量的50%。

1995年，联合国规定，从当年起每年9月16日为国际臭氧层保护日，旨在纪念"蒙特利尔议定书"的签署，并唤起公众的环保意识。

最轻的气体

氢是元素周期表中的第一号元素，它的原子是116个元素中最小的一个。由于它又轻又小，所以跑得最快，如果人们让每种元素的原子进行一场别开生面的赛跑运动，那么冠军非氢原子莫属。

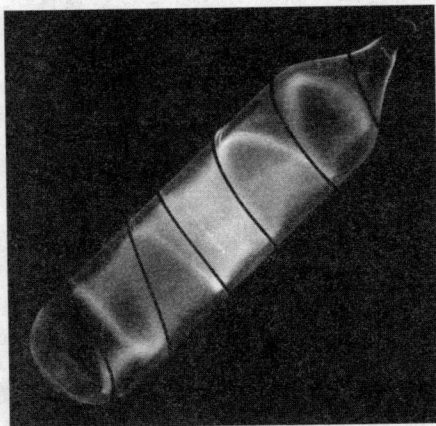

等离子态的氢

氢气是最轻的气体，在0℃和1个大气压下，每升氢气只有0.09克，它的"体重"还不到空气的1/14，它的这种特点，很早就引起了人们的兴趣。在1780年时，法国一名化学家便把氢气充入猪的膀胱中，制成了世界上第一个、也是最原始的氢气球，它冉冉地飞向了高空。后来，人们是在橡胶薄膜中充入氢气，大量制造氢气球。（现在"氢气球"充入的大多是氦气）

在地球上和地球大气中只存在极稀少的游离状态氢。在地壳里，如果按重量计算，氢只占总重量的1%；而如果按原子百分数计算，则占17%。

氢在自然界中分布很广，水便是氢的"仓库"——水中含11%的氢；泥土中约有1.5%的氢；石油、天然气、动植物体也含氢。在空气中，氢气倒不多，约占总体积的1/2 000 000。在整个宇宙中，按原子百分数来说，氢却是最多的元素。据研究，在太阳的大气中，按原子百分数计算，氢占81.75%。在宇宙空间中，氢原子的数目比其他所有元素原子的总和约大100倍。

氢是重要工业原料，如生产合成氨和甲醇，也用来提炼石油，氢化有机物质作为收缩气体，用在氧氢焰熔接器和火箭燃料中。在高温下用氢将金属氧化物还原以制取金属较之其他方法，产品的性质更易控制，同时金属的纯度也高。广泛用于钨、钼、钴、铁等金属粉末和锗、硅的生产。

由于氢气很轻，人们利用它来制作氢气球（注意：目前出于安全考虑，一般用氦气作为原料制造氢气球）。氢气与氧气化合时，放出大量的热，被利用来进行切割金属。

利用氢的同位素氘和氚的原子核聚变时产生的能量能生产杀伤和破坏性极强的氢弹，其威力比原子弹大得多。

现在，氢气还作为一种可替代性的未来的清洁能源，用于汽车等的燃料。为此，美国于2002年还提出了"国家氢动力计划"。但是由于技术还不成熟，还没有进行大批量的工业化应用。2003年科学家发现，使用氢燃料会使大气层中的氢增加约4~8倍。认为可能会让同温层的上端更冷、云层更多，还会加剧臭氧洞的扩大。但是一些因素也可抵消这种影响，如使用氯氟甲烷的减少、土壤的吸收，以及燃料电池的新技术的开发等。

氢是元素周期表中的第一号元素，元素名来源于希腊文，原意是"水素"。氢是由英国化学家卡文迪许在1766年发现的，称之为可燃空气，并证明它在空气中燃烧生成水。1787年法国化学家拉瓦锡证明氢是一种单质并命名。氢在地壳中的丰度很高，按原子组成占15.4%，但重量仅占1%。在宇宙中，氢是最丰富的元素。在地球上氢主要以化和态存在于水和有机物中。有3种同位素：氕、氘、氚。

不用汽油的汽车

你们见过不用汽油的汽车吗？

也许你们会问：汽车怎么会不用汽油呢？

原来，科学家们发现汽油燃烧后会放出二氧化碳，这样下去会对环境造成污染。就设想用另一种燃料来代替汽油，科学家们经过多次实验，终于发现氢气可以代替汽油。用氢气做燃料有许多优点，首先是干净卫生，氢气燃烧后的产物是水，不会污染环境，其次是氢气在燃烧时比汽油的发热量高。

在 1965 年，外国的科学家们就已设计出了能在马路上行驶的氢能汽车。我国也在 1980 年成功地造出了第一辆氢能汽车，可乘坐 12 人，贮存氢材料 90 千克。氢能汽车行车路远，使用的寿命长，最大的优点是不污染环境。

气球的妙用

十月一日国庆节，举国欢庆。首都天安门前，五颜六色、大大小小的气球高高地浮在空中，迎风飘扬，翩翩起舞，十分好看，人们都说这是"白天的焰火"。

除了欢度节日，增加喜庆的气氛之外，气球还有没有其他的用处呢？

科学家很早就给我们做出了回答。

在人类漫长的历史中，经受了无数次的洪水、干旱、地震等自然灾害。古时候人们都十分迷信，认为这些都是因为自己做错了什么事触怒了上天，所以上天降下灾祸。随着科学的发展，人们逐渐认识到并没有什么天神，这些都是自然现象，而且可以对它们进行预测。

在东汉时我国人民就能预测地震，但对于洪水，却一直无能为力。洪水一来就要淹没村庄，毁坏农田，有时甚至会危害人类。怎么才能对付洪水呢？科学家研究发现，洪水是由长时间下暴雨造成的，暴雨又是从雨云中降下的。这样，只要能观测到云层的厚度和水分，就可以预报天气，人们在听到暴雨来临的消息后就会做好预防措施。这样就减轻了洪水带来的危害。

可是，云朵都飘浮在高空，人类又没有翅膀，飞不到那样的高度，怎么办呢？

在化学家发现了氢气后，这个问题就一下子解决了。人们造了好多个氢气球，让它们带上观测设备，这样，人们不用上天，就可以知道天空中云层的变化，从而做出准确的天气预报。

最近一段时间，气球又有了一种新用途，利用它携带干冰、碘化银等药剂升上天空，在云朵中喷撒，可以进行人工降雨。

因为氢气容易爆炸，所以现在填充气球、飞艇等原来氢气填充的物体时就用氦气来填充。现在氢气的用处不多，用得多的是氢气的同位素——氘和氚。

飞人之死

在18世纪80年代初，欧洲出现了热气球，人们用它已经把鸡、鸭、羊等动物送上了天空。可是，人们对它还是心存恐惧，没有人愿意乘气球离开地面。

1783年，法国国王在科学界的一致要求下批准了用气球送人上天的计划，但要送的却是两个死刑犯。

这个消息被一个勇敢的青年知道后，他想第一次上天是一项流芳百世的壮举，怎么能把这个千载难逢的机遇让给死刑犯呢？于是他找了一个跟他一样不怕死的青年，向国王请求让他们替下死刑犯，国王被他们的勇敢打动了，准许了他们的要求。

在1783年11月21日，这两个青年乘上热气球，成功地进行了第一次用气球载人飞行，他俩顿时成了新闻人物，人们在街头巷议中纷纷把他俩称做"飞人"。

第二年，他们又计划乘气球飞越英吉利海峡。这时人们已经制出了氢气球，他们决定、把氢气球和热气球组合在一起，同时乘坐两只气球飞向英国。

这一天，他们把两只气球绑在一起，然后升上了天空。不久之后，悲剧发生了，气球发生了爆炸，他们都在事故中遇难身亡。

气球为什么会爆炸呢？

这是因为热气球下面有一个火盆，是用来给空气加热，但氢气是一种易燃易爆的气体，它一见火星就会发生爆炸，因为缺乏对氢气的了解，导致了这场灾难的发生。

知识点

氦 气

氦是一种化学元素，它的化学符号是 He，它的原子序数是 2，是一种无色的惰性气体，放电时发深黄色的光。在常温下，它是一种极轻的无色、无臭、无味的单原子气体。氦气是所有气体中最难液化的，是唯一不能在标准大气压下固化的物质。氦的化学性质非常不活泼，一般状态下很难和其他物质发生反应。氦是宇宙中元素第二丰富的，在银河系占 24%。

液态氦在温度下降至 −270.97℃ 时，性质会发生突变，黏度极小，成为一种超流体，能沿容器壁向上流动，热传导性为铜的 800 倍，成为导热性能极佳的热导体，其比热容、表面张力、压缩性都是反常的。这种异常的液体叫做液氦Ⅱ，正常的液态氦气叫做液氦Ⅰ。

延伸阅读

孔明灯的故事

孔明灯亦称天灯，相传为三国时期诸葛亮的发明，也被公认为热气球的始祖，起初是为了传递讯息之用，但目前则通常被当成节日祈福许愿的工具。

孔明灯相传源自四川平乐古镇，三国时期，此镇仍为军事重地，诸葛亮当时被司马懿困于平阳，诸葛亮算准风向，制成纸灯笼系上求救信息放上天空，最终得以脱险。宋时此镇更以造纸闻名，后人为纪念诸葛亮，放孔明灯渐渐变成节日仪式。现今，孔明灯更常用于祝福。这是一个象征收获的成功和祈求幸福之举。

另外，知名学者李约瑟指出，公元 1241 年蒙古人曾经在列格尼卡战役中使用过龙形天灯传递信号。

孔明灯是由铁丝或竹子制作底部框架，上面再粘上以宣纸制作的大型纸袋，底小顶大，避免热空气流失。底架中间放置简单的油纸，点燃之后由于里面的热空气较外面冷空气轻，所以就会冉冉上升。

一般中国南方的孔明灯是由铁丝制作底部框架，而台湾的孔明灯除了使用铁丝制作底部框架，上面的宣纸或做成4个面；施放的人通常会在四面上写下一些祝福或祈福的词句。

能致癌的氡

1900 年，德国人恩斯特·多恩（Ernst Dorn，1848 – 1916）发现一种气体——氡或称硝酸灵（无色同位素^{222}Rn）。这是从镭盐中释放出来的气体。这种气体比氢气重111.5倍，即 1 立方厘米重 0.011 005 克。是世界上最重的气体。

氡是无色、无味气体；熔点 –71°C，沸点 –61.8°C，气体密度9.73克/升；水溶解度4.933 克/千克水，也易溶于有机溶剂，如煤油、二硫化碳等中；氡很容易吸附于橡胶、活性炭、硅胶和其他吸附剂上。天然放射性元素。化学性质极不活泼，没有稳定的核素。具有危险的放射性，这种放射性可以破坏形成的任何化合物。氡较容易压缩成无色发磷光的液体，固体氡有天蓝色的钻石光泽。氡的化学性质极不活泼，已制得的氡化合物只有氟化氡，它与氙的相应化合物类似，但更稳定，更不易挥发。氡主要用于放射性物质的研究，可做实验中的中子源；还可用做气体示踪剂，用于研究管道泄漏和气体运动等。

元素来源：

由镭、钍等放射性元素蜕变而获得。

元素用途：

由于氡具有放射性，衰变后成为放射性钋和 α 粒子，因此可供医疗用。用于癌症的放射治疗：用充满氡气的金针插进生病的组织，可杀死癌细胞；虽然利用^{60}Co 和粒子加速器对疾病进行辐射治疗。它通常从辐射源泵并密封于小玻璃瓶中，然后植入患者体内肿瘤部位。人们称这种氡粒子为"种子"。

氡是地壳中放射性铀、镭和钍的蜕变产物，是一种稀有气体，因此地壳中含有放射性元素的岩石总是不断地向四周扩散氡气，使空气中和地下水中多多少少含有一些氡气。强烈地震前，地应力活动加强，氡气不仅运移增强，含量也会发生异常变化，如果地下含水层的地应力作用下发生形变，就会加速地下水的运动，增强氡气的扩散作用，引起氡气含量的增加，所以测定地下水中氡气的含量增加可以作为一种地震前兆的预测。

由于氡是一种放射性元素，如果长期呼吸高浓度氡气，将会造成上呼吸道和肺伤害，甚至引发肺癌。氡为 19 种致癌物质之一。

健康危害

氡对人类的健康危害主要表现为确定性效应和随机效应。

确定性效应

确定性效应表现为：在高浓度氡的暴露下，机体出现血细胞的变化。氡对人体脂肪有很高的亲和力，特别是氡与神经系统结合后，危害更大。

随机效应

随机效应主要表现为肿瘤的发生。由于氡是放射性气体，当人们吸入体内后，氡衰变发生的 α 粒子可在人的呼吸系统造成辐射损伤，诱发肺癌。专家研究表明，氡是除吸烟以外引起肺癌的第二大因素，世界卫生组织把它列为 19 种主要的环境致癌物质之一，国际癌症研究机构也认为氡是室内重要致癌物质。

流行病学研究表明：氡及其衰变子体的吸入是矿工肺癌发病的重要原因。美国估计每年有 7 000~10 000 例肺癌是由于室内氡所引起的，即除吸烟以外引起肺癌的第二大因素。荷兰认为由氡引发肺癌为交通事故的 2/3。在瑞典，氡在所有癌症诱因中排第五位。氡是 ICRP 推荐的慢性照射行动水平具体数据的唯一核素，被 WHO（世界卫生组织）公布为 19 种主要的环境致癌物质之一。1987 年氡被国际癌症研究机构列入室内重要致癌物质。

不过目前对由居室内氡引起的照射的潜在有害健康的认识仍然有限。

专家分析，因氡患癌的机制主要有下列几个方面：

A. 你生活居室和工作场所里的氡含量；

B. 你在生活居室和工作场所里的时间；

C. 你是否是吸烟者还是曾经是吸烟者。

写字楼和居室里的氡是从哪里来的？

氡的分布很广，每天都在你的周围，它存在于家家户户的房间里。据检测，美国几乎有1/15的家庭氡含量较高。了解室内高浓度氡的来源，有助与我们对氡的认识和防治。调查表明，室内氡的来源主要有以下几个方面：

1. 从房基土壤中析出的氡。在地层深处含有铀、镭、钍的土壤、岩石中，人们可以发现高浓度的氡。这些氡可以通过地层断裂带，进入土壤和大气层。建筑物建在上面，氡就会沿着地层的裂缝扩散到室内。从北京地区的地层断裂带上检测表明，三层以下住房室内氡含量较高。

2. 从建筑材料中析出的氡。1982年联合国原子辐射效应科学委员会的报告中指出，建筑材料是室内氡的最主要来源。如花岗岩、大理石材、水泥及石膏之类，特别是含有放射性元素的天然石材，易释放出氡。从近期室内环境检测中心的检测结果看，此类问题不可忽视。

3. 从户外空气中进入室内的氡。在室外空气中，氡被稀释到很低的浓度，几乎对人体不构成威胁。可是一旦进入室内，就会在室内大量地积聚。

4. 从供水及用于取暖和厨房设备的天然气中释放出的氡。这方面，只有水和天然气的含量比较高时才会有危害。

中国室内装饰协会室内环境检测中心在调查中发现，北京地区的一些家庭，住在一楼并在地面铺满了花岗岩，室内氡含量较高，有的已经对家人造成了伤害，应该引起人们的注意。

从总统到小学生，防止室内氡的危害已经成为国际关注的焦点。

为了保证人民身体健康与安全，各国对室内氡的危害已经引起重视。到目前为止，世界上已有20多个国家和地区制定了室内氡浓度控制标准。瑞典是一个室内氡浓度较高的国家，早在1979年瑞典就成立了国家氡委员会，经过20多年的努力，对所有建筑进行了监测并对每所房屋建立了氡的档案。1987年氡被国际癌症研究机构列入室内重要致癌物质。1990年美国开始举办国家氡行动周，以便让更多的人了解氡的危害，使更多的家庭接受氡的测试，对发现高氡建筑物采取防护措施。1996年，我国技术监督局和卫生部就颁布了《住房内氡浓度控制标准》，规定新建的建筑物中每立方米空气中氡浓度的上限值为100贝克，已使用的旧建筑物中每立方米空气中氡的浓度为200贝克。随后又颁布了《地下建筑氡及其子体控制标准》和《地热水应用中的放射性防护标准》，提出了严格的控制标准。并由卫生部、国土资源部等部门成立了氡检测和防治领导小组。

怎样才能降低室内氡的含量？

室内的氡含量无论高低都会对人体造成危害，但只要注意降低住房里的氡含量即可以减少这种危害。从国内外的一些经验看，有多种方法可以降低住房的氡水平。

电子测氡仪

1. 在建房前进行地基选择时，有条件的可先请有关部门做氡的测试，然后采取降氡措施。个人购买住房时，应考虑这个因素。

2. 建筑材料的选择。在建筑施工和居室装饰装修时，尽量按照国家标准选用低放射性的建筑和装饰材料。北京有的房地产开发商在进行施工工程监理时，特别注意建筑材料的放射性，及时请有关部门进行检测，这种做法应该提倡。居民在进行室内装修时更应该注意这一点。

3. 在写字楼和家庭室内装饰中，要注意填平、密封地板和墙上的所有裂缝，地下室和一楼以及室内氡含量比较高的房间更要注意，这种做法可以有效减少氡的析出。

4. 做好室内的通风换气，这是降低室内氡浓度的有效方法。据专家试验，一间氡浓度在151贝克/立方米的房间，开窗通风1小时后，室内氡浓度就降为48贝克/立方米。有条件的可配备有效的室内空气净化器。

5. 尽量减少或禁止在室内吸烟，特别是有儿童和老人的居室。

知识点

放射性元素

放射性元素是指元素从不稳定的原子核自发地放出射线（如 α 射线、β 射线、γ 射线等）而衰变形成稳定的元素而停止放射（衰变产物），这种现象称为放射性，这一过程叫做放射性衰变。含有放射性元素（如 U、Tr、Ra 等）的矿物叫做放射性矿物。原子序数≥84 的元素都具有放射性，原子序数≤83 的某些元素如 Tc、Pm 等也具有放射性。

放射性元素（确切地说应为放射性核素）最早应用的领域是医学和钟表工业。镭的辐射具有强大的贯穿本领，发现不久便成为当时治疗恶性肿瘤的重要工具；镭盐在暗处发光，用于涂制夜光表盘。

现在，放射性元素的应用已深入到人类物质生活的各个领域，例如核电站和核舰艇使用的核燃料，工业、农业和医学中使用的放射性标记物，工业探伤、测井（石油）、食品加工和肿瘤治疗所使用的某些放射源等。

延伸阅读

钋的来历

钋是一种化学元素，它的化学符号是 Po，是银白色的金属。说起这"钋"的名字来历，背后有一个非常动人的故事。

发现"钋"的科学家叫彼埃尔·居里和他的夫人玛丽·斯可罗多夫斯卡。居里是法国人，玛丽却是波兰人。

玛丽延生于 1867 年 11 月 7 日，当时波兰被沙皇俄国统治着。玛丽从小就在父亲的教育下懂得了热爱祖国，痛恨侵略者。长大以后，她目睹沙俄统治者的残暴行为，更加热爱自己的祖国。当时在华沙，有一座颂扬俄国统治者的纪念碑，玛丽每次经过那儿，都要啐一口唾沫，表达自己的憎恨和蔑视。她上中学的时候，她的好朋友的哥哥因为反对沙皇俄国，被判处绞刑。在这位爱国志士被处死的那天，她满噙泪水一个人默默跪在地上，暗暗发誓要把自己的一生献给祖国。

后来，她到法国求学。1894 年 4 月，正在巴黎讲学的波兰物理学教授柯瓦尔斯基，介绍她与年轻的科学家彼埃尔·居里相识。她的对科学锐意进取的精神，一下子吸引住了彼埃尔，两个人相爱了，在 1895 年 7 月结了婚。

1898 年，居里夫妇发现了一种新的元素，两人都很兴奋。玛丽突然抓住彼埃尔的手，激动地说："我可怜的祖国的名字已从地图上消失，但我要让祖国的芳名永远铭刻在人们的记忆中。我想把我们刚刚发现的元素叫做'波兰'——钋，你同意吗？"彼埃尔望着可敬的妻子，认真地点了点头。1899 年 7 月 18 日，他们公开宣布发现了一种新元素叫"钋"。

▰▰▰ 刺激性强的氨

许多气体都能够溶解在水中。但各种气体在水里的溶解度是不同的。通常情况下，1 体积的水能够溶解 1 体积的二氧化碳。而 1 体积的水只能溶解 1/10 体积的氢。氢这种气体的溶解度可见很小。相比之下，有些气体的溶解度比二氧化碳还要强得多。在 1 个大气压和 20℃时，1 体积水能溶解 2.4 体积的硫化氢气体或 2.5 体积的氯气。氨是溶解度最大的气体。它是一种有刺激性气味的气体，在 1 个大气压和 20℃时，1 体积水约能溶解 700 体积氨气。氨气的水溶液称为氨水。氨水是一种重要的肥料。而氨是现代化工业上最重要的产品之一，可

氨的三维模型

用来制造硝酸、炸药等，也可用来制造药品。氨还有其他一些性质：它容易气化，气压降低，它就可急剧蒸发，同时它又易液化，在 $-33℃$ 的情况下，它就会凝结成为无色液体，同时还会释放出大量的热。

氨的制法

1. 工业制法：工业上氨是以哈伯法通过 N_2 和 H_2 在高温高压和催化剂存在下直接化合而制成。

工业上制氨气

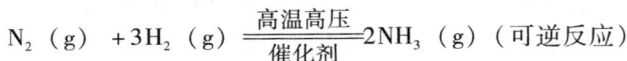

$$N_2（g）+3H_2（g）\xrightarrow[催化剂]{高温高压}2NH_3（g）（可逆反应）$$

$$\Delta H = -92.4kJ/mol$$

2. 实验室制备：实验室，氨常用铵盐与碱作用或利用氮化物易水解的特性制备。

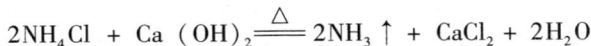

$$2NH_4Cl + Ca（OH）_2\xrightarrow{\triangle}2NH_3\uparrow + CaCl_2 + 2H_2O$$

$$Li_3N + 3H_2O =\!=\!= 3LiOH + NH_3\uparrow$$

（1）不能用 NH_4NO_3 跟 $Ca（OH）_2$ 反应制氨气

因为 NH_4NO_3 是氧化性铵盐，加热时低温生成 NH_3 和 HNO_3，随着温度升高，硝酸的强氧化性发挥作用使生成的氨进一步被氧化生成氮气和氮的氧化物，所以不能用 NH_4NO_3 跟 $Ca（OH）_2$ 反应制氨气。

（2）实验室制 NH_3 不能用 $NaOH$、KOH 代替 $Ca（OH）_2$

因为 $NaOH$、KOH 是强碱，具有吸湿性（潮解）易结块，不易与铵盐混合充分接触反应。又 KOH、$NaOH$ 具有强腐蚀性，在加热情况下，对玻璃仪器有腐蚀作用，所以不用 $NaOH$、KOH 代替 $Ca（OH）_2$ 制 NH_3。

（3）用试管收集氨气为什么要堵棉花

因为 NH_3 分子微粒直径小，易与空气发生对流，堵棉花目的是防止 NH_3 与空气对流，确保收集纯净产物。

（4）实验室制 NH_3 除水蒸气为什么用碱石灰，而不采用浓 H_2SO_4 和固体 $CaCl_2$

因为浓 H_2SO_4 与 NH_3 反应生成 $（NH_4）_2SO_4$，NH_3 与 $CaCl_2$ 反应也能生成其它物质。

（5）实验室快速制得氨气的方法

用浓氨水加固体 NaOH（或加热浓氨水）。

注意事项

氨对接触的皮肤组织都有腐蚀和刺激作用，可以吸收皮肤组织中的水分，使组织蛋白变性，并使组织脂肪皂化，破坏细胞膜结构。氨的溶解度极高，所以主要对动物或人体的上呼吸道有刺激和腐蚀作用，常被吸附在皮肤黏膜和眼结膜上，从而产生刺激和炎症。可麻痹呼吸道纤毛和损害黏膜上皮组织，使病原微生物易于侵入，减弱人体对疾病的抵抗力。氨通常以气体形式吸入人体，氨被吸入肺后容易通过肺泡进入血液，与血红蛋白结合，破坏运氧功能。进入肺泡内的氨，少部分为二氧化碳所中和，余下被吸收至血液，少量的氨可随汗液、尿液或呼吸排出体外。

若吸入的氨气过多，导致血液中氨浓度过高，就会通过三叉神经末梢的反射作用而引起心脏的停搏和呼吸停止，危及生命。

长期接触氨气，部分人可能会出现皮肤色素沉积或手指溃疡等症状；氨气被呼入肺后容易通过肺泡进入血液，与血红蛋白结合，破坏运氧功能。短期内吸入大量氨气后可出现流泪、咽痛、声音嘶哑、咳嗽、痰带血丝、胸闷、呼吸困难，可伴有头晕、头痛、恶心、呕吐、乏力等，严重者可发生肺水肿、成人呼吸窘迫综合征，同时可能发生呼吸道刺激症状。

室内空气中氨气主要来自建筑施工中使用的混凝土添加剂。添加剂中含有大量氨类物质，在墙体中随着温度、湿度等环境因素的变化而还原成氨气释放出来。

知识点

氯 气

氯单质由两个氯原子构成，化学式为 Cl_2。气态氯单质俗称氯气，液态氯单质俗称液氯。氯元素由瑞典化学家卡尔·威廉·舍勒在 1774 年发现。

　　常温下，氯气是一种黄绿色、刺激性气味、有毒的气体。压力为 1.01×10^5 Pa 时，氯单质的沸点为 $-34.4℃$，熔点为 $-101.5℃$。氯气可溶于水和碱性溶液，易溶于二硫化碳和四氯化碳等有机溶剂，饱和时 1 体积水溶解 2 体积氯气。

　　氯气具有强烈的刺激性、窒息气味，可以刺激人体呼吸道黏膜，轻则引起胸部灼热、疼痛和咳嗽，严重者可导致死亡。

　　氯气的化学性质很活泼，它是一种活泼的非金属单质。因此，自然界中没有游离态的氯。

延伸阅读

哈伯是谁

　　"哈伯法"是通过氮气及氢气作用产生氨气的过程。由于这个实验首先在 1908 年由弗里茨·哈伯进行，所以这种制取氨气的方法简称为"哈伯法"。

　　哈伯是个什么样的人呢？

　　哈伯（1868－1934），德国化学家，出生在德国西里西亚布雷斯劳（现为波兰的弗罗茨瓦夫）的一个犹太人家庭。从小就对化学工业有极浓厚的兴趣。

　　高中毕业后，哈伯先后到柏林、海德堡、苏黎世上大学。上学期间，他还在几个工厂中实习，得到了许多实践的经验。1894 年在卡尔斯鲁厄大学物理化学系得到了一个助教的位置，并于 1896 年在那里完成了教授资格考试。1898 年成为卡尔斯鲁厄大学化学系编外教授。他喜爱德国农业化学之父李比希的伟大职业——化学工业。

　　读大学期间，哈伯写了一篇关于有机化学的论文，并因此获得博士学位。1904 年，哈伯在两位企业家答应给予大力支持开始研究合成氨的工业化生产，并于 1909 年获得成功，成为第一个从空气中制造出氨的科学家。使人类从此摆脱了依靠天然氮肥的被动局面，加速了世界农业的发展。哈伯也从此成了世界闻名的大科学家。

为表彰哈伯的这一贡献，瑞典皇家科学院把 1918 年的诺贝尔化学奖颁给了他。由于在第一次世界大战中，哈伯担任化学兵工厂厂长时负责研制、生产氯气、芥子气等毒气，并使用于战争之中，造成近百万人伤亡。虽然按照他自己的说法，这是"为了尽早结束战争"，但哈伯这一行径，仍然遭到了美、英、法、中等国科学家们的谴责，哈伯的妻子伊美娃也以自杀的方式以示抗议。

一战结束后，哈伯又做了从海水中提取黄金的试验，但最后宣告失败。1934 年初被派遣去巴勒斯坦物理化学研究所任职。1934 年 1 月 29 日哈伯因突发心脏病逝于瑞士的巴塞尔。

▮▮▮ 什么是笑气

一氧化二氮，无色有甜味气体，又称笑气。是一种氧化剂，化学式 N_2O，在一定条件下能支持燃烧（同氧气，因为笑气在高温下能分解成氮气和氧气），但在室温下稳定，有轻微麻醉作用，并能致人发笑，能溶于水、乙醇、乙醚及浓硫酸。其麻醉作用于 1799 年由英国化学家汉弗莱·戴维发现。该气体早期被用于牙科手术的麻醉，是人类最早应用于医疗的麻醉剂之一。它可由 NH_4NO_3 在微热条件下分解产生，产物除 N_2O 外还有一种，此反应的化学方程式为 $NH_4NO_3 \longrightarrow N_2O\uparrow + 2H_2O$；等电子体理论认为 N_2O 与 CO_2 分子具有相似的结构（包括电子式），则其空间构型是直线型，N_2O 为极性分子。

笑气无痛分娩

1772 年，英国化学家普利斯特列发现了一种气体。他制备一瓶气体后，把一块燃着的木炭投进去，木炭比在空气中烧得更旺。他当时把它当做"氧气"，因为氧气有助燃性。但是，这种气体稍带"令人愉快"的甜味，同无臭无味的氧气不同；它还能溶于水，比氧气的溶解度也大得多。它是什么，成了一个待解的"谜"。

事隔 26 年后的 1798 年，普利斯特列实验室来了一位年轻的实验员，他的名字叫戴维。戴维有一种忠于职责的勇敢精神，凡是他制备的气体，都要亲自"嗅儿下",以了解它对人的生理作用。当戴维吸了几口这种气体后,奇怪的现象发生了:他不由自主地大声发笑,还在实验室里大跳其舞,过了好久才安静下来。因此,这种气体被称为"笑气"。

戴维发现"笑气"具有麻醉性,事后他写出了自己的感受:"我并非在可乐的梦幻中,我却为狂喜所支配;我胸怀内并未燃烧着可耻的火,两颊却泛出玫瑰一般的红。我的眼充满着闪耀的光辉,我的嘴喃喃不已地自语,我的四肢简直不知所措,好像有新生的权力附上我的身体。"

不久,以大胆著称的戴维在拔掉龋齿以后,疼痛难熬。他想到了令人兴奋的笑气,取来吸了几口。果然,他觉得痛苦减轻,神情顿时欢快起来。

笑气为什么具有这些特性呢?原来,它能够对大脑神经细胞起麻醉作用。但大量吸入可使人因缺氧而窒息致死。

1844 年 12 月 10 日,美国哈得福特城举行了一个别开生面的笑气表演大会。每张门票收 0.25 美元。在舞台前一字排列着 8 个彪形大汉,他们是特地请来处理志愿吸入笑气者可能出现意外事故的。

有一个名叫库利的药店店员走上舞台,志愿充当笑气吸入的受试人。当库利吸入笑气后,欢快地大笑一番。由于笑气的数量控制得不好,他一时失去了自制能力,笑着、叫着,向人群冲去,连前面有椅子也未发现。库利被椅子绊倒,大腿鲜血直流。当他一时眩晕并苏醒后,毫无痛苦的神情。有人问他痛不痛,他摇摇头,站起身来就走了。

库利的一举一动,引起观众席上一位牙医韦尔斯的注意。他想,库利跌碰得不轻,为什么他不感到疼痛?是不是"笑气"有麻醉的功能?当时,还没有麻醉药,病人拔牙时和受刑差不多,很痛苦。于是,他决定拿自己来做实验。

一天,韦尔斯让助手准备拔牙手术器具,然后吸入"笑气",坐到手术椅上,让助手拔掉他一颗牙齿。牙拔下了,韦尔斯一点儿也不觉得疼。于是,"笑气"作为麻醉剂很快进入医院,并被长期使用着。

笑气的生成

加热或撞击硝酸铵可以生成一氧化二氮和水。$NH_4NO_3 \xrightarrow{\triangle} N_2O\uparrow + 2H_2O$

硝酸铵

工业上对硝酸铵热分解可制得纯度95%的一氧化二氮。

一个笑气分子与六个水分子结合在一起。当水中溶解大量笑气时，再把水冷却，就会有笑气晶体出现。把晶体加热，笑气会逸出。人们利用笑气这种性质，制高纯笑气。

在汽车加速系统的应用

氮气加速系统是由美国HOLLEY公司开发的产品。在目前世界直线加速赛中，为了在瞬间提高发动机功率，利用的液态氮氧化物系统正是 NOS，其实，早在第二次世界大战期间德国空军已开始使用 NOS，战争结束后才逐渐被用于民用汽车的直线加速赛事中。

NOS 的工作原理是把 N_2O（一氧化二氮，俗称笑气）形成高压的液态后装入钢瓶中，然后在发动机内与空气一道充当助燃剂与燃料混合燃烧（N_2O 可放出氧气和氮气，其中氧气就是关键的助燃气体，而氮气又可协助降温），以此增加燃料燃烧的充分度，提升动力。

由于 NOS 提供了额外的助燃氧气，所以安装 NOS 后还要相应增加喷油量与之配合。正所谓"要想马儿跑得快，就要马儿多吃草"，燃料就是发动机的草，这样发动机的动力才得到进一步的提升。

NOS 与涡轮增压和机械增压一样，都是为了增加混合气中的氧气含量，提升燃烧效率从而增加功率输出。不同的是 NOS 是直接利用氧化物，而增压则是通过外力增加空气密度来达到目的的。也许有人会问为什么不直接使用氧气而用 N_2O 呢？那是因为用氧气难以控制发动机的稳定性（高温和爆发力）。

储存 N_2O 的专用储气罐净重约 6.7kg，充满 N_2O 后约 11kg。按照每次使用 1 分钟来算（专家建议 NOS 系统每次使用时间不可超过 1 分钟），一瓶气可用 3 538 次。

根据一辆夏利 2000 的实际升级情况，其 1.342L 的 8A 发动机加装 NOS 后，其 0～100 千米/时加速时间减少了 23%，而功率提升了 21 千瓦。

氮气加速系统

NOS 全称 Nitrous Oxide System，即氮气加速系统。是由美国 HOLLEY 公司开发生产的产品。在目前的世界直线加速赛（Drag Racing）中，为了在瞬间提高大比率马力，利用的液态氮氧化物系统正是 NOS。

NOS 的工作原理是把一氧化二氮（N_2O），即俗称的笑气（Laugh Gas）高压形成液态后装入钢瓶中，然后在引擎内与空气一道充当助燃剂与燃料混合燃烧（其可放出氧气和氮气，其中氧气就是关键的助燃气体，而氮气又可协助降温），以此增加燃料燃烧的完全度，提升马力。由于 NOS 提供了额外的助燃能力（氧气量大）所以安装 NOS 后还要对应增加燃油喷量与之配合，引擎的动力也因此得到进一步的提升。NOS 与涡轮增压、机械增压一样，都是为了增加引擎混合气中的氧气含量而提升燃烧效率增加马力，不同的是 NOS 是直接利用氧化物，而后两者则是通过外力增加空气密度来达到目的。也许有人会问为什么不直接使用氧气而用一氧化二氮呢？那是因为用氧气难以控制引擎的稳定性（高温和爆炸力），所以极少直接使用氧气。

NOS 系统使用时间最好不要超过 10 秒。好像目前还没有引擎能够承受 1 分钟以上的 NOS 喷射……

一氧化二氮的环境效应

一氧化二氮（N_2O）是一种具有温室效应的气体，是《京都议定书》规定的 6 种温室气体之一。N_2O 在大气中的存留时间长，并可输送到平流层，同时，N_2O 也是导致臭氧层损耗的物质之一。

与二氧化碳相比，虽然 N_2O 在大气中的含量很低，但其单分子增温潜势却是二氧化碳的 310 倍；对全球气候的增温效应在未来将越来越显著，N_2O 浓度的增加，已引起科学家们的极大关注。目前，对这一问题的研究，正在深入进行。

知识点

氮 气

氮是一种化学元素，它的化学符号是 N，原子序数是7。它无色无味无臭，是很不易有化学反应呈化学惰性的气体，而且它会令火焰立刻熄灭。它分布在全地球，是地球大气中最多的气体，占大气体积的78%。

1772 年在苏格兰爱丁堡，由 D. Rutherford 发现，有说法差不多同时期的卡尔·威廉·席勒及亨利·卡文迪许分别也单独发现了。1774 年法国 A. L. 拉瓦锡将这种气体命名为 azote。

它是廉价的惰性保护气，用于金属炼制及高温合成时的简单保护性氛围（其性能不及氦气及氩气）；高温下用于合成氮化物（如氮化硅陶瓷、氮化硼等）。其化合物亦有用于农业，如氮肥。液态氮有时用于冷却。此外，氮是方便面包装内的主要气体，能防止食物变坏。

延伸阅读

氧气的历史

氧气是氧元素最常见的单质形态，在标准状况下是无色无味无臭的气体。地球空气中大约含有体积为 20.947% 的以单质形式存在的氧气。

据说，地球的大气层形成初期是不含氧气的。

原始大气是还原性的，充满了甲烷、氨等气体。

大气层氧气的出现源于两种作用。

一个是非生物参与的水的光解，一个是生物参与的光合作用。

生物的光合作用对大气层的影响巨大。它造成了大气层由还原氛围向氧化氛围的转变。使得水光解产生的氢气能重新被氧化为水回到地球，而不至于扩散到外层空间去，从而防止了地球上的水的流失。同时，光合作用也加速了大气层氧气的积累，深刻地改变了地球上物种的代谢方式和形态。大气层含氧量在石炭纪的时候一度上升到了35%！氧气含量的增加造成了依赖于渗透方式输氧的昆虫在形态上的巨型化。在石炭纪曾出现过翼展达1米的巨翅蜻蜓。

水的化学奥秘

　　水是由氢、氧两种元素组成的无机物，在常温常压下为无色无味的透明液体。水是地球上最常见的物质之一，是包括人类在内所有生命生存的重要资源，也是生物体最重要的组成部分。

　　水包括天然水（河流、湖泊、大气水、海水、地下水、生物水等）与人工制水（通过化学反应使氢氧原子结合生成水）。不同种类不同成分的水对人类也起到了不同的作用，例如含有不同化学成分的温泉形成了各种绚丽多彩的自然景观，并且对做温泉浴的人体起到消除疲劳的效果；而含有锂元素的泉水竟然可以治疗某些精神病；等等。这些神奇的水足可以让我们大开眼界。

水为何物

　　水，在自然界到处可见。它无处不在，充满着江、河、湖、海，分散于大气、土壤和动植物体内。从天而降的雨水，奔流不息的河水，从地下涌出来的泉水。

　　地球是太阳系八大行星之中唯一被液态水所覆盖的星球。地球上水的起源在学术上存在很大的分歧，目前有几十种不同的水形成学说。有观点认为在地球形成初期，原始大气中的氢、氧化合成水，水蒸气逐步凝结成雨降下并形成河流、海洋；也有观点认为，形成地球的星云物质中原先就存在水的成分。另外的观点认为，原始地壳中硅酸盐等物质受火山影响而发生反应、析出水分。也有观点认为，被地球吸引的彗星和陨石是地球上水的主要来源，甚至现在地球上的水还在不停增加。

流淌的泉水

当我们打开世界地图时，当我们面对地球仪时，呈现在我们面前的大部分面积是鲜艳的蓝色。从太空中看地球，我们居住的地球是一个椭圆形的，极为秀丽的蔚蓝色球体。水是地球表面数量最多的天然物质，它覆盖了地球70%以上的表面。地球是一个名副其实的大水球。

也许有人会问：这么多的水是从哪儿来的？地球上本来就有水吗？

地球刚刚诞生的时候，没有河流，也没有海洋，更没有生命，它的表面是干燥的，大气层中也很少有水分。那么如今浩瀚的大海，奔腾不息的河流，烟波浩淼的湖泊，奇形怪状的万年冰雪，还有那地下涌动的清泉和天上的雨雪云雾，这些水是从哪儿来的呢？

原来地球是由太阳星云分化出来的星际物质聚合而成的，它的基本组成有氢气和氮气以及一些尘埃。固体尘埃聚集结合形成地球的内核，外面围绕着大量气体。地球刚形成时，结构松散，质量不大，引力也小，温度很低。后来，由于地球不断收缩，内核放射性物质产生能量，致使地球温度不断升高，有些物质慢慢变暖熔化，较重的物质，如铁、镍等聚集在中心部位形成地核，最轻的物质浮于地表。随着地球表面温度逐渐降低，地表开始形成坚硬的地壳。但因地球内部温度很高，岩浆活动就非常激烈。火山爆发十分频繁，地壳也不断发生变化，有些地方隆起形成山峰，有的地方下陷形成低地与山谷，同时喷发出大量的气体。由于地球体积不断缩小，引力也随之增加，此时，这些气体已无法摆脱地球的引力，从而围绕着地球，构成了"原始地球大气"。原始大气由多种成分组成，水蒸气便是其中之一。

水蒸气又是从那儿来的呢？组成原始地球的固体尘埃，实际上就是衰老了的星球爆炸而成的大量碎片，这些碎片多是无机盐之类的东西，在它们内部蕴藏着许多水分子，即所谓的结晶水合物。结晶水合物里面的结晶水在地球内部高温作用下，离析出来就变成了水蒸气。喷到空中的水蒸气达到饱和时便冷却成云，变成雨，落成地面上，聚集在低洼处，逐渐积累成湖泊和河流，最后汇集到地表最低区域形成海洋。

水的名目那么多，其实都是一种东西，究竟是什么呢？

水的真面目第一次被人们识破，是18世纪中叶。那时，英国有个化学家普利斯特列，常常爱给朋友们表演魔术：他拿了个"空"瓶子，在朋友们面前晃了几下，然后，他迅速地把一支点着的蜡烛移近瓶子。"啪!"的一声，瓶口吐出了长长的火舌，但立刻又熄灭了。朋友们异常兴奋。原来，这位魔术师在瓶子里早已装满两种无色气体——氢气与空气。氢气与空气混合后燃烧，会发出巨大的声响。起初，普利斯特列只是给朋友们变变魔术而已。可他并没有发现变完魔术后，瓶子里还有一位神秘的"客人"。终于有一天，普利斯特列发现瓶壁上有不少水珠！普利斯特列起初以为自己的瓶子没擦干。于是他用干燥的氢气、干燥的瓶子，一次又一次地试验。最后，终于证明：氢气在空气中燃烧（与氧气化合）后，变成了水。换句话说，水是由氢与氧组成的。后来，不少科学家继续研究证明，一个水分子里，含有两个氢原子和一个氧原子。

知识点

水的分布

地球表层水体构成了水圈，包括海洋、河流、湖泊、沼泽、冰川、积雪、地下水和大气中的水。世界上最大的水体是太平洋。北美的五大湖是最大的淡水水系。欧亚大陆上的里海是最大的咸水湖。

地球上水的体积大约有 1 360 000 000 立方千米。其中：

海洋占了 1 320 000 000 立方千米（或97.1%）；

冰川和冰盖占了 25 000 000 立方千米（或1.8%）；

地下水占了 13 000 000 立方千米（或者1.0%）；

湖泊，内陆海，和河里的淡水占了 250 000 立方千米（或0.0018%）；

大气中的水蒸气在任何已知的时候都占了 13 000 立方千米（或0.0001%）。

延伸阅读

人类身体对饮用水的要求

一般而言，人每天喝水的量至少要与体内的水分消耗量相平衡。人体一天所排出尿量约有 1 500 毫升，再加上从粪便、呼吸过程中或是从皮肤所蒸发的水，总共消耗水分大约是 2 500 毫升，而人体每天能从食物中和体内新陈代谢中补充的水分只有 1 000 毫升左右，因此正常人每天至少需要喝 1 500 毫升水，大约 8 杯。

很多人往往在口渴时才想起喝水，而且往往是大口吞咽，这种做法也是不对的。喝水太快太急会无形中把很多空气一起吞咽下去，容易引起打嗝或是腹胀，因此最好先将水含在口中，再缓缓喝下，尤其是肠胃功能虚弱的人，喝水更应该一口口慢慢喝。

喝水切忌渴了再喝，应在两顿饭之间适量饮水，最好隔一个小时喝一杯。人们还可以根据自己尿液颜色来判断是否需要喝水，一般来说，人的尿液为淡黄色，如果颜色太浅，则可能是水喝得过多，如果颜色偏深，则表示需要多补充一些水了，睡前少喝、睡后多喝也是正确饮水的原则，因为睡前喝太多的水，会造成眼皮浮肿，半夜也会老跑厕所，使睡眠质量不高。而经过一个晚上的睡眠，人体流失的水分约有 450 毫升，早上起来需要及时补充，因此早上起床后空腹喝水有益血液循环，也能促进大脑清醒，使这一天的思维清晰敏捷。

要多喝开水，不要喝生水。煮开并沸腾3分钟的开水，可以使水中的氯气及一些有害物质被蒸发掉，同时又能保持水中对人体必需的营养物质。喝生水的害处很多，因为自来水中的氯可以和没烧开水中的残留的有机物质相互作用，导致膀胱癌、直肠癌的机会增加。

要喝新鲜开水，不要喝放置时间过长的水。新鲜开水，不但无菌，还含有人体所需的十几种矿物质。但如果时间过长或者饮用自动热水器中隔夜重煮的水，不仅没有了各种矿物质，而且还有可能含有某些有害物质，如亚硝酸盐等，由此引起的亚硝酸盐中毒并不鲜见。

白开水是最好的饮料，白开水不含热量，不用消化就能为人体直接吸收利用，一般建议喝30℃以下的温开水最好，这样不会过于刺激胃肠道的蠕动，不易造成血管收缩。

喝水不当会"中毒"，"水中毒"是指长期喝水过量或短时间内体必须借助尿液和汗液将多余的水分排出，但随着水分的排出，人体内以钠为主的电解质会受到稀释，血液中的盐分会越来越少，吸水能力随之降低，一些水分就会很快被吸收到组织细胞内，使细胞水肿。开始会出现头昏眼花、虚弱无力、心跳加快等症状，严重时甚至会出现痉挛、意识障碍和昏迷。因此有些女孩子想靠超大量喝水减肥的方法是很危险的。

一天当中饮水的4个最佳时间：

第一次：早晨刚起床，此时正是血液缺水状态。

第二次：上午8时至10时左右，可补充工作时间流汗失去的水分。

第三次：下午3时左右，正是喝茶的时刻。

第四次：睡前，睡觉时血液的浓度会增高，如睡前适量饮水会冲淡积液，扩张血管，对身体有好处。

健康的肌体必须保持水分的平衡，人在一天中应该饮用7~8杯水。"一日之计在于晨"，清晨的第一杯水显得尤其重要。也许你已习惯了早上起床后喝一杯水，但你是否审视过，这一杯水到底该怎么喝？

早上起来的第一杯水最好不要喝果汁、可乐、汽水、咖啡、牛奶等饮料。汽水和可乐等碳酸饮料中大都含有柠檬酸，在代谢中会加速钙的排泄，降低血液中钙的含量，长期饮用会导致缺钙。而另一些饮料有利尿作用，清晨饮用非但不能有效补充肌体缺少的水分，还会增加肌体对水的需求，反而造成体内缺水。

世界上最咸的湖

名称由来

死海中及湖岸均富含盐分，在这样的水中，鱼儿和其他水生物都难以生存，水中只有细菌和绿藻没有其他生物；岸边及周围地区也没有花草生长，故人们称之为"死海"。

地理位置及水域规模

死海是一个内陆盐湖，位于巴勒斯坦和约旦之间的约旦谷地。西岸为犹太山地，东岸为外约旦高原。约旦河从北注入。约旦河每年向死海注入5.4亿立方米水，另外还有4条不大但常年有水的河流从东面注入，由于夏季蒸发量大，冬季又有水注入，所以死海水位具有季节性变化，从30~60厘米不等。

死海长80千米，宽处为18千米，表面积约1 020平方千米，平均深300米，最深处415米。湖东的利桑半岛将该湖划分为两个大小深浅不同的湖盆，北面的面积占3/4，深415米，南面平均深度不到3米。无出口，进水主要靠约旦河，进水量大致与蒸发量相等，为世界上盐度最高的天然水体之一。

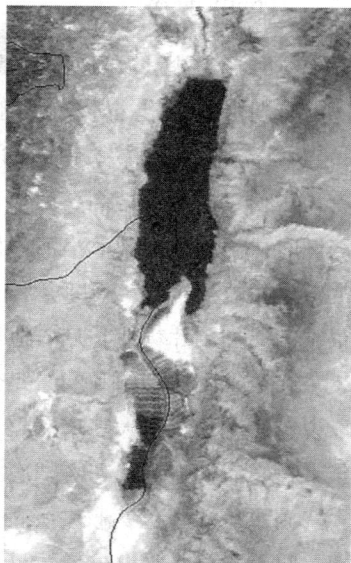

死海卫星图

气候特征

死海位于沙漠中，降雨极少且不规则。利桑半岛年均降雨量为65毫米。冬季气候温暖，夏季炎热。湖水年蒸发量平均为1 400毫米，因此湖面往往形成浓雾。湖面水位有季节性变化，在30～60厘米之间。湖水上层水温19℃～37℃，盐度低于300‰，富含硫酸盐与碳酸氢盐。底层水温22℃，盐度332‰，富含硫化物、镁、钾、氯、溴；其底部饱含钠与氯化物。南岸塞杜姆有化工厂及盐场。

据说死海冬无冰冻，夏季又非常炎热，造成湖水每年蒸发约1 400毫米，常常是湖面上雾气腾腾。

死海地区的气温太高，致使从约旦河流入死海的几乎所有的水（每天40亿～65亿升）都干涸了，留下了更多的盐。

独特的海水

死海水含盐量极高，且越到湖底越高，是普通海洋含盐量的10倍。最深处有湖水已经化石化（一般海水含盐量为35‰，而死海的含盐量在230‰～250‰。表层水中的的盐分每升达227～275克，深层水中达327克。）。由于盐水浓度高，游泳者沉不下去。湖中除细菌外没有其他动植物。涨潮时从约旦河或其他小河中游来的鱼立即死亡。岸边植物也主要是适应盐碱地的盐生植物。死海是很大的盐储藏地。死海湖岸荒芜，固定居民点很少，偶见小片耕地和疗养地等。

在深水中达到饱和的氯化钠沉淀为化石化。由于湖水含盐量极高，所以说，死海是一个大盐库。据估计，死海的总含盐量约有130亿吨。但近年来科学家们发现，死海湖底的沉积物中仍有绿藻和细菌存在。

湖水呈深蓝色，非常平静，富含盐类的水使人不会下沉或无法游泳。把一只手臂放入水中，另一只手臂或腿便会浮起。如果要将自己浸入水中，则应将背逐渐倾斜，直到处于平躺状态。

死海的成因

死海水中含有很多矿物质，水分不断蒸发，矿物质沉淀下来，经年累月而成为今天最咸的咸水湖。人类对大自然奇迹的认识经历了漫长的过程，最后依靠科学才揭开了大自然的秘密。死海的形成，是由于流入死海的河水，不断蒸发、矿物质大量下沉的自然条件造成的。那么，为什么会造成这种情况呢？原因主要有两条。其一，死海一带气温很高，夏季平

死海里漂浮的人

均可达34℃，最高达51℃，冬季也有14℃～17℃。气温越高，蒸发量就越大。其二，这里干燥少雨，年均降雨量只有50毫米，而蒸发量是1 400毫米左右。晴天多，日照强，雨水少，补充的水量微乎其微，死海变得越来越"稠"——入不敷出，沉淀在湖底的矿物质越来越多，咸度越来越大。于是，经年累月，便形成了世界上最咸的咸水湖。死海是内流湖，因此水的唯一外流就是蒸发作用，而约旦河是唯一注入死海的河流，水面依赖流入的水远小于蒸发的量，加之近年来因约旦和以色列向约旦河取水供应灌溉及生活用途，死海水位受到严重的威胁。

死海中的生物

死海是位于西南亚的著名大咸湖，湖面低于地中海海面392米，是世界最低洼处，因温度高、蒸发强烈、含盐度高，达250‰～300‰，据称除个别的微生物外，水生植物和鱼类等生物不能生存，故得死海之名。当滚滚洪水流来之期，约旦河及其他溪流中的鱼虾被冲入死海，由于含盐量太高，水中又严重缺氧，这些鱼虾必死无疑。

那么死海真的就没有生物存在了吗？美国和以色列的科学家，通过研究终于揭开了这个谜底：但就在这种最咸的水中，仍有几种细菌和一种海藻生存其间。原来，死海中有一种叫做"盒状嗜盐细菌"的微生物，具备防止盐分侵害的独特蛋白质。

众所周知，通常蛋白质必须置于溶液中，若离开溶液就要沉淀，形成功能失调的沉淀物。因此，高浓度的盐分，可对多数蛋白质产生脱水效应。

而"盒状嗜盐细菌"具有的这种蛋白质，在高浓度盐分的情况下，不会脱水，能够继续生存。

嗜盐细菌蛋白又叫铁氧化还原蛋白。美国生物学家梅纳切姆·肖哈姆，和几位以色列学者一起，运用 X 射线晶体学原理，找出了"盒状嗜盐细菌"的分子结构。这种特殊蛋白呈咖啡杯状，其"柄"上所含带负电的氨基酸结构单元，对一端带正电而另一端带负电的水分子具有特殊的吸引力。所以，能够从盐分很高的死海海水中夺走水分子，使蛋白质依然逗留在溶液里，这样，死海有生物存在就不足为奇了。

参加这项研究的几位科学家认为，揭开死海有生物存在之谜，具有很重要的意义。在未来，类似氨基酸的程序，有朝一日移植给不耐盐的蛋白质后，就可使不耐盐的其他蛋白质，在缺乏淡水的条件下，在海水中也能继续存在，因此这种工艺可望有广阔的前景。

下死海"危险"

死海的海水比大洋的海水咸 10 倍，海水溅入眼睛可不是好玩的事情。因此，到死海游泳可千万不能扑通一声跳下去。会游不见得会浮。不少人以为死海浮力大，人沉不下去，因此可以随心所欲地戏水。其实不然。在死海漂浮切忌动作过大而弄出水花溅进眼睛。关键是海水盐分太浓，哪怕有一小滴进入眼睛，都会难受得要命。有经验的人都带上一瓶淡水放在岸边，以便用来及时冲洗。有人不小心呛了一口，结果胃里难受了好几天，想吐也吐不出来。岸边的结晶体坚硬带刺状，很容易划破皮肤。进入死海，平时微小到你自己根本察觉不到的细小挠破处马上就有灼热感，真如同"伤口上撒盐"，不过经过死海盐浴后伤口好得快。另外，大部分死海海滩都是颗粒较大的鹅卵石沙滩，不常打赤脚走路的人，在沙滩上站起来甚至走一步都感到脚底疼痛难忍。

死海神奇的功效

死海中虽然没有任何水中动植物，但对人类的照顾却是无微不至的，因为它会让不会游泳的人在海中游泳。任何人掉入死海，都会被海水的浮力托住，这是因为死海中的水的密度是 1.17～1.227，而人体的密度只有

1.02～1.097，水的比重超过了人体的密度，所以人就不会沉下去。旅行社的导游们拍下了一幅幅令人不可思议的照片：游客们悠闲地仰卧在海面上，一只手拿着遮阳的彩色伞，另一只手拿着一本画报在阅读，随波漂浮。

死海的海水不但含盐量高，而且富含矿物质，常在海水中浸泡，可以治疗关节炎等慢性疾病。因此，每年都吸引了数十万游客来此休假疗养。

死海海底的黑泥含有丰富的矿物质，成为市场上抢手的护肤美容品。以色列在死海边开设了几十家美容疗养院，将疗养者浑身上下涂满黑泥，只露出两只眼睛和嘴唇。富含矿物质的死海黑泥，由于健身美容的特殊功效，使它成为以色列和约旦两国宝贵的出口产品。死海是世界上最早的疗养胜地（从希律王时期开始），湖中大量的矿物质含量具有一定安抚、镇痛的效果。

成千上万的人从世界各地来到死海以求恢复他们的精力和健康。死海神奇的功效来自以下几个方面：

▲阳光

太阳在一年里几乎每一天都照射着死海。由于该地区在海平面之下，因此阳光要穿过特别厚的大气层，穿过由于海水蒸发而带来的化学元素形成的天然滤光网以及厚厚的臭氧层。这样就阻挡了部分紫外线，人们可以在这里放心地长时间晒太阳。

▲矿物质丰富的大气

海水蒸发后留下一批独特的氧化盐——镁、钠、钾、钙和溴。溴以其具有镇静疗效而闻名，它在死海周围空气中的密度比在地球其他任何地方都高出20倍。

▲矿物质温泉

死海地区的温泉富含高浓度的盐和硫化氢。死海泥含有大量的硫化物和矿物质。它能很好地保温，清洁皮肤，减轻关节痛。

▲温度和湿度

干燥的暖空气，连续不断的高温和稀少的雨量。

▲高气压

死海是地球上气压最高的地方。空气中含有大量的氧，让人感到呼吸自在。

▲花粉少

气候干燥、植物稀少，没有花粉等过敏原。

死海在慢慢死亡

死海是世界上盐度最高（230‰ ~ 300‰）的天然水体之一。1947 年，死海长达 80 千米，宽 16 ~ 18 千米，到目前为止，长不过 55 千米，宽 14 ~ 16 千米。死海面积已从 1947 年（即在以色列建国前）的 1 031 平方千米下降到了 683 平方千米，这就是说，在 50 年期间，死海面积减少了近 30%，因此，预计死海最终将在 100 年内逐渐干涸。死海渐渐死亡的原因是：从 20 世纪 60 年代中期以来，以色列截流或分流哺育死海的约旦河及贾卢德河、法里阿河、奥贾河、扎尔卡河和耶尔穆克河的河水，致使流入死海的河流水量剧减，造成了死海面积的锐减。近 50 年以来，死海湖面下降了约 17 米。使死海走向死亡的另一个原因是由于日光照射使湖水温度升高，从而导致湖水蒸发量加大，特别是在夏季，死海湖水的蒸发量也是世界最大的。同时，死海缓慢死亡的原因还归咎于沿岸国对死海东西岸诸如钾、锰、氯化钠等自然资源的过量开采。以色列食盐的开采量比约旦多 4 倍。目前，死海的南湖已完全消失，只剩下北湖了。为了制止死海的死亡，约旦决定建立一些补救项目。预计，将在死海和亚喀巴湾之间开挖一条运河，以补充死海丢失的水分。死海是世界上自然资源最富有的地区之一，它拥有丰富的氯化钠、氯酸钾、氯化镁等资源。同时，它还蕴藏着石油，以色列和约旦正在死海湖底进行石油勘探的活动。

知识点

世界著名的咸水湖

咸水湖，或盐湖、盐水湖，是指以咸水形式积存在地表上的湖泊，一般湖水盐度大于 35‰。由于水少有流出，蒸发量大，因而含盐量高，故名。世界著名的咸水湖有：

里海：世界最大的湖，位于亚洲与欧洲交界，面积 371 000 平方千米，其水面面积超过排名 2~7 位的湖泊的总和。

死海：世界最低的湖，位于约旦和以色列交界，湖面海拔 -418 米，同时也是含盐度最高的湖。

大盐湖：美洲最大的盐水湖，位于美国犹他州西北部。

艾耳湖：澳大利亚最大的湖。

纳木错：世界最高的盐水湖，位于我国西藏中部。

察尔汗盐湖：我国最大的盐湖，位于柴达木盆地。

玫瑰湖：粉红色的盐湖，位于塞内加尔。

延伸阅读

尼斯湖水怪

尼斯湖水怪，是地球上最神秘也最吸引人的谜之一。

尼斯湖水怪是生活在英国苏格兰尼斯湖的传疑生物。它的形象一向都是蛇颈龙一般的生物。

最早关于尼斯湖水怪记载可追溯到 565 年，爱尔兰传教士哥伦布和友人阿德曼在尼斯湖游泳，水怪突然朝阿德曼袭来，幸好教士厉声喝骂："不要前进，也不要伤人。从速离去。"水怪便退回水中，友人及时游回岸上。后来阿德曼在其著作《圣哥伦布传》中提及此事。

1933 年 11 月，海军中尉鲁伯特·古尔德开始一连串的目击事件调查工作。他访问了所有曾经亲眼目击到尼斯湖水怪的人，他发现这个生物体不容易正确判定形体，因为它大部分的身体都不曾出现于水面之上，所以极少有正确的描述。

1934 年 4 月，伦敦医生威尔逊途经尼斯湖，发现水怪，连忙用相机拍下了水怪的照片。可是有很多人不认同照片的真实性：好像水怪那样大的动物，波浪不会那么小。

1934 年的这张照片多年来一直被认为是尼斯湖水怪存在的最有力证

据，但是，这是一张伪造的照片。参与伪造的克里斯蒂安·斯堡林在临终前一年的 11 月，为他的伪造行为而忏悔，道出了真情。

1960 年 8 月，劳里在船上看到了水怪，并且在航行日志上记载了下来。当时船上所有的人都看到了，在船后约 6~10 海里的地方，出现一个形体异常的东西，看起来就像是一对水鸭在水上，有时候也会潜入水中，而且有一个像是脖子一样的东西伸出水面。

1963 年，泰德·哈勒戴遇到水怪，他描述道，水怪的速度非常快，而且有一个像柱子一样的脖子，直径在 1 英尺左右，头的形状让他联想到牛头犬，颜色是暗褐色的。他的描述有一点很特别的是，他注意到在颈部两侧有黑色的鬃毛。

1967 年，理查·雷纳参加了尼斯湖探险队，拍到了最有名的影片。

1970 年，蒂姆·丁斯代尔看到了水怪。在众多的水怪照片中，大部分都因为拍摄背景光线不足，无法辨认真假。

1971 年 10 月 19 日，一位在奥古斯都港本尼迪克特修道院的神父格雷戈里·布鲁希和朋友罗杰·皮尤，看到了一个伸出水面的脖子在移动着，高度也是差不多 10 英尺高，并且朝着他们移动。约莫 20 秒后就消失在水中。

在 20 世纪 80 年代科学家们利用先进的声呐定位仪对尼斯湖进行了全面的清查，但是没有任何收获。有人认为尼斯湖水深达到 300 米，湖底又有大量沙泥，使湖水非常肮脏，连声呐定位仪也不能穿透。

自 20 世纪 30 年代尼斯湖水怪被首次拍下来以来，我们已经有着近 4000 份所谓尼斯湖水怪的目击材料。不管尼斯湖水怪是真实的还是虚拟的，尼斯湖水怪都将成为苏格兰的一个象征。

揭开神秘的黑兽口湖

把一种不饱和盐溶液倒入烧杯里加热蒸发，会变成饱和溶液；把这饱和盐溶液再进行冷却，它又会析出晶体。人们利用物质的这一性质，可以进行结晶和重结晶提纯。可不要以为只有人才能进行这种操作，大自然有时也能进行这种过程！在里海附近的沙漠里，有一个听起来就让人毛骨悚然的湖——黑兽口湖。

这个湖通过一条狭窄的通道与里海相连，并从这儿哗哗地吞饮着里海的海水。里海的鱼如果随水进入湖中，会很快翻过肚皮，在痛苦的挣扎中慢慢地死去。就是里海里漂来的木头，在黑兽口湖中也会被抬高很多，逐渐被波浪推上湖岸。黑兽口那令人生畏的名字，使很多人闻而却步。然

晶 体

而当勇敢者真的驾船闯入黑兽口湖的时候，这湖竟令人难以置信地仁慈：一位热极了的厨师跳进湖里游泳去了！大家无不为他捏一把冷汗。

然而，谁也想不到这位胖胖的大师傅，在这里竟成了花样游泳家——他仰卧着，两脚高高地露出水面。他要潜泳沉到水里去吓一吓笑得前仰后合的伙伴，但他用尽全力也潜不下去。这里的水好像比哪儿的水都沉重浓厚，使他可以在上面随意戏耍玩笑，却就是不能潜入水中。难道是黑兽在保护它湖底的珍宝么？湖底也确实是有珍宝的，得到它也并不困难。只要你在冬天时再来就行了。那时湖水会通过波浪将宝奉献，使你俯拾即得。若是夏天来，那就对不起得很，尽情在湖面上游泳是可以的，但进湖取宝便一概拒之门外。黑兽口湖会季节性献宝的规律很快被人掌握了。人们开始顺从它：冬天时用耙子，耙起它献的宝贝；夏天时则由着它喝海水，进行"休养生息"。

到后来，人们逐渐配备了更齐全的船和工具，使它能在一年中更长的时间里向人献宝。这宝贝是什么呢？说来平常，只是一种白色块状固体，乍看上去，很像食盐。但它不是食盐！你若只看外表相就抓一把放在饭菜里，就糟了。那不但会使吃菜人叫苦不迭，而且还会使他们频频如厕，大泻不止。其实，他们吃下去的就是一种泻药，只不过不是正牌泻盐硫酸镁（全名为七水硫酸镁，分子式 $MgSO_4 \cdot 7H_2O$），而是另一种同样常被医生开在处方中的盐类泻药——芒硝（学名十水硫酸钠，分子式 $Na_2SO_4 \cdot 10H_2O$）。在很多年前中医就以芒硝、朴硝、皮硝等作为泻火解毒的药剂，写在药方里，论"资格"也许比硫酸镁要老得多哩！黑兽口湖一直是前苏联的

一个重要芒硝产地，黑兽口湖中的芒硝是它特殊的地质地理条件形成的。

虽然黑兽口湖从里海海水中吞进的食盐也很不少，但它在很长的时间里却只析出芒硝而不析出食盐。直到后来，里海海面不知为什么下降了，通过通道进入湖中的海水少了，它才改变了只析出纯芒硝而不析食盐的脾气。我们在学过地理之后又学了化学里溶液、溶解度等知识，那么，能不能学以致用，运用下面这些情况、数据，解释黑兽口湖为什么吞水不止？为什么杀鱼而不杀人？为什么有季节性献宝习性？为什么优先析出芒硝而不析出食盐呢？

地理情况：黑兽口湖水面较里海低，而且周围尽是沙漠，黑兽口湖本身很浅但面积很广。气候情况：黑兽口湖一带冬夏两季温差很大，夏季气温很高，冬天则接近0℃。

溶解度曲线在0℃~32.4℃范围呈较陡的上升曲线。

答案：1. 因周围是大沙漠，所以特干燥，使黑兽口湖像加热的烧杯一样，把溶剂（水）不断蒸发；芒硝和食盐浓度不断增大，乃至饱和。2. 这里夏季很热，冬天较冷，湖中已饱和的海水随季节降温，使溶质过饱和而析晶。3. 因芒硝溶解度曲线较陡，所以在降温中大量析晶；而食盐溶解度曲线很平，所以结晶相对较少而不显。

知识点

里 海

里海位于亚洲与欧洲交界处，是世上最大及蓄水量最多的湖泊，面积37.1万平方千米（143 000平方英里），体积78 200立方千米，最深处1 025米，平均深度209米，也是内流湖、咸水湖、海迹湖。

里海原本和黑海及地中海一同为古地中海的一部分，但随着地壳运动使得高加索山和厄尔布鲁士峰隆起，里海被分割而独立成为内陆湖泊。湖岸线全长为6 380千米，周围河流有伏尔加河和乌拉尔河、捷列克河等共120多条河流注入里海，并有马尼赤运河连接亚述海和里海。

延伸阅读

海水为什么是蓝色的

印度科学家拉曼在英国皇家学会上作了声学与光学的研究报告后，取道地中海乘船回国。甲板上漫步的人群中，一对印度母子的对话引起了拉曼的注意。

"妈妈，这个大海叫什么名字?"

"地中海。"

"为什么叫地中海?"

"因为它夹在欧亚大陆和非洲大陆之间。"

"那它为什么是蓝色的?"

年轻的母亲一时语塞，求助的目光正好遇上了在一旁饶有兴味倾听他们谈话的拉曼。拉曼告诉男孩儿："海水所以呈蓝色，是因为它反射了天空的颜色。"

在此之前，几乎所有的人都认可这一解释。它出自英国物理学家瑞利。这位以发现惰性气体而闻名于世的大科学家，曾用太阳光被大气分子散射的理论解释过天空的颜色，并由此推断海水的蓝色是反射了天空的颜色所致。

但不知为什么，在告别了那对母子之后，拉曼忽然对自己的解释产生了疑惑。拉曼回到印度后，立即着手研究海水为什么是蓝的。首先，他发现瑞利的解释实验证据不足，令人难以信服；接着，他从光线散射与水分子相互作用入手，进行了深入的研究，终于运用爱因斯坦等人的涨落理论，获得了光线穿过净水、冰块及其他材料时散射现象的充分数据，证明出水分子对光线的散射使海水显出蓝色的原理，与大气分子散射太阳光而使天空呈现蓝色的原理完全相同。也就是说，海水看上去呈蓝色的原因，不是因为海水反射了天空的蓝色，而是海水对阳光进行了散射。后来，拉曼又在固体、液体和气体中，分别发现了一种普遍存在的光散射效应。他发现的这种光散射效应，被人们称为"拉曼效应"，为20世纪初科学界最终接受光的粒子性学说提供了有力的证据。

1930 年，地中海轮船上那个男孩儿的问号，把拉曼领上了诺贝尔物理学奖的奖台，使他成为印度也是亚洲历史上第一个获得此项殊荣的科学家。

这个故事提醒人们：永远不要放弃你对"已知"的好奇心，也许新的发现就在你"已知"的"未知"之中。

七大温泉形成之谜

当地下水激烈运动，冲出地壳，便形成了温泉。有些是在 2 000 万 ~ 4 500万年前剧烈火山活动形成的，最高温度可达 350°C。它们遍布地球的各个角落，每个大陆上，甚至在海洋中都有分布。下面就让我们走进地球上最著名的 7 大温泉。

1. 大棱镜温泉：美国最大的温泉

位于黄石国家公园的大棱镜温泉（The Grand Prismatic Spring，又称大虹彩温泉），是美国最大，世界第三大的温泉。它宽约 75 ~ 91 米，49 米深，每分钟大约会涌出 2 000 升，温度为 71°C 左右的地下水。大棱镜温泉的美在于湖面的颜色随季节而改变。春季，湖面从绿色变为灿烂的橙红色，这是由于富含矿物质的水体中生活着的藻类和含色素的细菌等微生物，

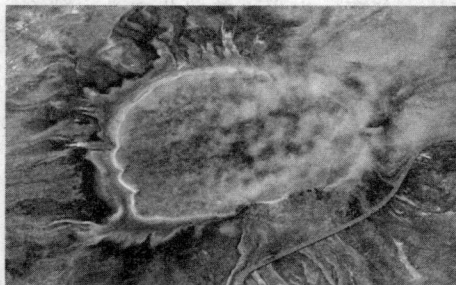
大棱镜温泉

它们体内的叶绿素和类胡萝卜素的比例会随季节变换而改变，于是水体也就呈现出不同的色彩。在夏季，叶绿素含量相对较低，显现橙色、红色，或黄色。但到了冬季，由于缺乏光照，这些微生物就会产生更多的叶绿素来抑制类胡萝卜素的颜色，于是就看到水体呈现深绿色。

2. 猛犸温泉：世界最大的碳酸盐沉积温泉

同样位于美国黄石公园的猛犸温泉（Mammoth Hot Springs），是世界上已探明的最大的碳酸盐沉积温泉。它最显著的特点当属米涅瓦阶地，那是几千年来冷却沉淀的温泉水所形成的一连串阶地。每年有大量的地下水流入马姆莫斯。

形成阶地一大要素就是碳酸钙。几百万年前马姆莫斯地区底部的海水，为这里留下了厚厚的沉淀性石灰石。当高温的酸性溶液流经岩石层到达温泉表面的过程中，它溶解了大量的沉淀性石灰石。一遇到空气，溶液中的部分二氧化碳就会从溶液中挥发。同时固体矿物质形成并最终以石灰华形式沉淀，就形成了阶地。

3. 血池温泉：地狱的召唤

血池温泉（Blood Pond Hot Spring）是日本别府知名的"地狱"（日本语为jigoku，指十八层地狱）温泉。其壮观的景象使得慕名前来的人们驻足欣赏，忘记此处乃是洗浴场所。走近温泉不难发现它的奇特之处，那就是泛着血红色的泉水，好似想像中地狱的景象，而这种红色全得益于水体中富含的铁元素。

4. 蓝湖：冰岛的疗养胜地

冰岛西南部，距离首都雷克雅未克大约39千米的蓝湖地热温泉（Blue Lagoon），是冰岛最大的旅游景点之一。蓝湖所在地是地球上地下岩浆活动最为频繁的区域之一，这种活动加热了蓝湖，使得水体蒸腾。地面附近的熔岩流加热的水蒸汽用于推动涡轮机发电，经过了涡轮机的蒸汽变成热水，经过换热器又为市政热水供暖系统提供热量，可谓一举多得。

蓝湖洗浴和游泳的礁湖地区水温平均在40 ℃左右，水体有丰富矿物质，如硅和硫，在蓝湖泡温泉，可以帮助治疗一些皮肤疾病，如牛皮癣等。

5. 格伦伍德温泉：世界最大的天然温泉游泳池

格伦伍德温泉（Glenwood Springs）位于美国科罗拉多州，拥有世界上

最大的天然温泉游泳池，地下涌出的泉水流速为 143 升/秒。您可以泡在 40
℃左右的富含盐类矿物的治疗池中舒缓工作的疲惫，或在水温为 36 ℃游泳
池中畅游一番，都会有不错的感受。

6. 地狱谷温泉：日本雪猴的疗养院

地狱谷温泉（Jigokudani Hot Springs）因居住在此的日本雪猴而出名，
同人一样，它们也喜欢泡温泉，当地拥有全球唯一一处猴子专用的温泉。

相传现在的地狱谷野猿公苑，起源于上信越高原国立公园——志贺高原
的横汤川的溪谷中，因当地悬崖陡峭，到处升腾着温泉热气，古代人看到这
种光景便称其为"地狱谷"，却没料到现在反而成了野生猴子的泡汤天堂。

7. 德尔达图赫菲温泉：欧洲流速最快的温泉

瑞克霍斯达鲁市的德尔达图赫菲（Deildartunguhver）是冰岛最大的温
泉，水温最高达97℃。同时它也以水流速度快而出名，达 180 升/秒，是欧
洲水流速度最快的温泉。它的一部分水，用于向 34 千米外的波加内斯和 64
千米外的阿克兰斯两市供热。

知识点

温泉的分类

温泉是一种由地下自然涌出的泉水，其水温年平均5℃以上。在
学术上，温泉的学术定义中把涌出地表的泉水温度高于当地的地下水
温者，即可称为温泉。

温泉的分类方式有许多种，常见的分类方法可以化学组成、地质、
物理性质、温度，来加以分类。

按化学组成分类

温泉中主要的成分包含氯离子、碳酸根离子、硫酸根离子，依这
3 种阴离子所占的比例可分为氯化物泉、碳酸氢盐泉、硫酸盐泉。

除了这3种阴离子之外，也有以其他成分为主的温泉，例如重曹泉（重碳酸钠为主）、重碳酸盐类泉、食盐泉（以氯化钠为主）、氯化物盐泉、芒硝泉（硫酸钠为主）、石膏泉（以硫酸钙为主）、正苦味泉（以硫酸镁为主）、含铁泉（白磺泉）、含铜、铁泉（又称青铜泉）。

其中食盐泉也称盐泉，可依含氯化物食盐的多寡，区分为弱食盐泉和强食盐泉。

按地质分类

以产生温泉的地质特性，可将温泉分类为火成岩区温泉、变质岩区温泉、沉积岩区温泉。

按物理性质分类

根据温泉的温度、活动、型态等物理性质，可将温泉分为普通温泉、间歇温泉、沸泉、喷泉、喷气孔（或硫气孔）、热泥泉6类。

按温度分类

依温泉流出地表时与当地地表温度差，可分为低温温泉、中温温泉、高温温泉、沸腾温泉4种。

延伸阅读

泡温泉并非人人适用

我们很多人都知道，温泉热浴不仅可使肌肉、关节松弛，消除疲劳；还可扩张血管，促进血液循环，加速人体新陈代谢。

此外，大多数温泉中都含有丰富的化学物质，对人体有一定的宜处。比如，温泉中的碳酸钙对改善体质、恢复体力有相当的作用；而温泉所含丰富的钙、钾、氡等成分对调整心脑血管疾病，治疗糖尿病、痛风、神经痛、关节炎等均有一定效果；而硫磺泉则可软化角质，含钠元素的碳酸水有漂白软化肌肤的效果。

但是，泡温泉并不是人人都适用。

有高血压、心脏病患者，在规则服药的前提下，可以泡温泉，但每次最好不超过20分钟，起身时应谨慎缓慢，以防因血管扩张、血压下降导致头昏眼花而跌倒。温泉所含的硫磺及其他酸碱物质可以消炎杀菌，对一般感染性或寄生性皮肤病很有疗效，但有时也会刺激皮肤使伤口恶化，甚至导致"温泉性皮肤病"，因此对于部分皮肤病患者，不宜泡温泉。对于患有湿疹、异位性皮炎等的人来说，泡在热水中过久，由于加速皮肤水分的蒸发，破坏皮肤保护层，也容易导致症状的加重。

另外，泡温泉也应科学地泡。泡温泉时，应该尽量合上双眼，以冥想的心情，缓缓地深呼吸数次，才能真正达到释放身心压力。而且，泡温泉不要从水温太烫的池开始，要从水温较温和的池水开始浸泡；不要在烫身的池水中每次浸泡时间超过10分钟，要及时让身体上部露出水面或离水歇息；不要在过胸的水位每次浸泡时间超过10分钟，要与较温和的池水及时交替浸泡或身体及时露出水面歇息后再浸泡。温泉温度高，浸泡后会有出汗、口干、胸闷等不适感，这是血液循环过快的正常反应。此时调换凉水浸泡或出水静养一会儿，并多喝水即可舒缓。

能治好怪病的神泉

在英国普利茅斯的乡下有一眼神奇的泉水。它曾经治好了许多奇怪的病人。有一个小伙子不知什么时候患上了一种怪病，整天处于虚幻的想像之中，常常兴奋地说个不停，手舞足蹈，狂笑不止，找遍了当地的医生都无济于事。最后，他的父母听从一个外地商人的劝告，带着病态的儿子来到普利茅斯，找到神泉。连续喝了几十天的泉水，年轻人的病好了，异常的平静，再也不到处瞎胡闹了。于是神泉的名声逐渐地大了，这引来许多好奇的人的关注，其中包括一些化学家和药物学家。

后来，澳大利亚的精神病学家卡特发现，这些泉水里含有一种元素锂。锂的化合物，特别是碳酸锂，可以治疗某些精神病——癫狂症，精神压抑症。患有这种精神病的人过分兴奋和过分压抑交替发生，发病往往很突然。

在寻找癫狂症—精神压抑症病因的过程中，卡特发现，由于甲状腺功能的过分活化或者过分抑制，会引起这种精神失调症。他想，一种存在于尿中的物质可能是造成癫狂症和精神压抑症的主要原因。于是他将某些癫狂病人的尿的试样有控制地注射到几内亚猪的腹腔中去，猪果然中毒了。

选用溶解度大的尿酸盐代替尿酸做实验，卡特意外地发现，注射尿酸锂溶液后，中毒几率大大下降。说明锂离子可以抵御尿酸产生的毒性。他进一步用碳酸锂代替尿酸锂，试验有力地证明了锂盐具有治疗癫狂症和精神压抑症的作用。用

锂的外观

大量的 0.5% 碳酸锂水溶液对几内亚猪进行注射后。经过两小时，猪变得毫无生气，感觉迟钝，再用其他药物才能使它恢复正常活力。

1948 年，卡特开始把成果运用于临床。用碳酸锂治疗到他那儿来求医的精神病人。取得成功的典型例子是一位 51 岁的患者。他处在慢性癫狂式的兴奋状态足足 5 年了。他不肯休息、胡闹、捣乱，经常妨碍别人，因此成为长期被监护对象。经过 3 周的锂化合物疗治，他开始安静下来，继续服用两个月的锂药剂，就完全康复了，并且很快回到原来工作岗位。

这样，人类终于解开了那神奇的能治好"中邪"病人的泉水之谜。从 1949 年以来，锂盐帮助数以 10 万计的癫狂症——精神压抑症病人从痛苦中解脱出来，制药厂开始大量制造碳酸锂。

今天，虽然锂的作用机制还有待进一步探讨，它惊人的治疗效果是得到公认的。精神病素以难治出名，而伟大的卡特仅用一种简单的无机化合物就解除了千千万万人的痛苦，这是化学史上、医学史上的一个奇迹！同时，我们也应该认识到对民间一些神秘的东西我们不应该一味地否定，斥之为迷信。我们应该对它加以科学的解释，不能解释的留给后人去评价，这才是科学的态度。

知识点

碳酸锂是什么

碳酸锂是一种无色至白色结晶，在空气中是稳定的，能溶于水，

但溶解性不佳。由于它在水中的溶解度很小，因此可以通过用碳酸根离子沉淀溶液中锂离子的方法来制备。溶解度随温度的升高而降低。从溶液中析出的碳酸锂不含结晶水。由于锂离子具有很强的极化性，因此碳酸锂的热稳定性比其他碱金属碳酸盐要差一些，加热到熔点以上时，便会发生分解，产生氧化锂和二氧化碳。

　　将二氧化碳通入碳酸锂的水悬浮液中时，碳酸锂即转变为酸式碳酸锂而溶解。如果再将酸式碳酸锂的溶液加热，则又放出二氧化碳，并沉淀出碳酸锂。

　　碳酸锂用于治疗精神疾病，多用于躁狂症的治疗。

延伸阅读

癫痫症

　　癫痫症，本身来说，并不是一种病，而是一种症状，是一种神经系统疾病，通常是脑病变造成的脑细胞突然异常地过度放电引发的脑功能失调。

　　痉挛是典型的癫痫症状之一，常伴随僵直性、间接性的不随意运动，也有不伴随痉挛的发作类型。另外，可能出现突然丧失意识、记忆，突然昏倒，四肢抽搐，口吐白沫，大声喊叫等症状。癫痫发作大多数属于暂时性，一般数分钟至数十分钟即恢复如常人。但是癫痫具有病历长、反复发作的特点，由此引发的后遗症甚至能造成智力障碍。

　　癫痫有先天性与因肿瘤造成的脑部压迫或事故等后天性之分。一旦患上癫痫，就不能根治。较轻微的能用药物控制发作，抗惊痫药物治疗将是终身的。当药物不能控制癫痫发作时，必须行手术治疗，但费用、风险极高，而且仍需终身服药。

　　当我们身边有人癫痫发作时，应当给与一些帮助，具体方法如下：

　　（1）癫痫发作开始时，应立即扶病人侧卧防止摔倒、碰伤。

　　（2）然后解开其领带、胸罩、衣扣、腰带，以保持呼吸道通畅。

　　（3）使其头侧立，让唾液和呕吐物尽量流出口外。

（4）如有戴假牙者，取下假牙，以免误入呼吸道。

（5）将手帕卷成团或用一双筷子缠上布条塞入其上下牙之间，防止舌头咬伤。

（6）抽搐时，不要用力按压病人肢体，以免造成骨折或扭伤。

（7）发作过后昏睡不醒，尽可能减少搬动，让病人适当休息。

（8）已摔倒在地的病人，应检查有无外伤，如有外伤，应根据具体情况进行处理。

探索海洋中的瑰宝

海洋是连绵不绝的盐水水域，分布于地表的巨大盆地中。面积约362 000 000 平方千米，大约占地球表面积的70.9%。海洋中含有13.5亿多立方千米的水，约占地球上总水量的97.5%。全球海洋一般被分为数个大洋和面积较小的海。4个主要的大洋为太平洋、大西洋和印度洋、北冰洋（有科学家又加上第五大洋，即南极洲附近的海域），大部分以陆地和海底地形线为界。

海洋中含有大量矿物资源、能源资源、植物资源、动物资源，是人类的巨大物质财富。随着科学技术水平的提高，不断向海洋的深度、广度进军，海洋化学也得到了蓬勃发展。

从海水中所含的化学元素种类来看，目前已测知的就达27种。它们的含量差别较大。根据含量多少，大

南极洲半岛冰川

体上分为3类：每升海水中含有1~100毫克的元素叫微量元素；每升海水中含100毫克以上的元素，叫常量元素；每升海水中含有1毫克以下的元素叫痕量元素。尽管是痕量元素，由于海水量极大，其总储量仍然相当可观，如铀在海水中的浓度是0.003毫克/升，但它的总储量却有40多亿吨，比陆地已知储量大约4 000倍以上。化学家们对海洋中包含的矿藏非常感

兴趣，努力寻找有效的方法提取它们。

海水中化学物质提取是有无限前景的新兴产业。溶解于海水的 3.5% 的矿物质是自然界给人类的巨大财富。不少发达国家已在这方面获取了很大利益。我国对海水化学元素的提取，目前形成规模的有钾、镁、溴、氯、钠、硫酸盐等。从 1 立方英里海水中得到的食盐，足够全世界人们好几年的需用，同时利用食盐还可以大力发展盐化工业，生产烧碱、纯碱、氯气等重要化工产品。镁在航空航天领域中应用非常广泛，大部分金属镁来自于海水。具体生产方法是将海水与石灰混合，使其发生反应生成氢氧化镁，进而从氢氧化镁制得镁。由 454 千克海水，大约就可制得 454 克镁。溴用于医药、染料、照相等，多数溴也是从海水中提取的。它是用硫酸和氯气处理海水得到的。先分离出溴，再将空气通入溴水中，溴蒸气就产生出来。454 吨海水中约可得到 31.78 千克溴。我国是世界海盐第一生产大国，年产量近 2 000 万吨。目前，我国还处在盐碱工业向海洋化工工业的过渡阶段，经过"八五"、"九五"技术攻关，直接从海水中提取化学物质的产业正在我国逐步形成。全球数量巨大的海水，其体积为 13.7 亿立方千米，约 137 亿亿吨。海水本身就是一座资源宝库，海水中溶解有 80 多种金属和非金属元素。通常把海水中的元素分为两类：每升海水中含有 1 毫克以上的元素叫常量元素；含量在 1 毫克以下的元素称为微量元素。海水中微量元素有 60 多种，如锂（Li）有 2 500 亿吨，它是热核反应中的重要材料之一，也是制造特种合金的原料；铷（Rb）有 1 800 亿吨，它可以制造光电池和真空管；碘（I）有 800 亿吨，它可以用于医药，常用的碘酒就是用碘制成的。

特别值得指出的是，躺在海洋底部大量的锰结核，含有铁、锰、铜、钴、镍等 20 多种宝贵的元素。这种锰结核颜色与外形像"炸肉丸子"，可以直接打捞。它在整个海底的储藏量约 15 000 亿吨。更可贵的是这种"矿瘤"每年还会增长。锰结核中所含的金属量是陆地上的几十倍甚至上千倍。例如，钼含量 8.8 亿吨，是陆地上钼的总储量的 40 倍；钴的含量 58 亿吨，是陆地上总含量的 280 倍。这一批巨大的稀世珍宝，正等待着人们去开发利用。

铀是高能量的核燃料，1 千克铀可供利用的能量相当于 2 250 吨优质煤。然而陆地上铀矿的分布极不均匀，并非所有国家都拥有铀矿，全世界的铀矿总储量也不过 2×10^{6} 吨左右。但是，在巨大的海水水体中，含有丰富的铀矿资源，总量超过 4×10^{9} 吨，约相当于陆地总储量的 2 000 倍。

海水提铀的方法很多，目前最为有效的是吸附法。氢氧化钛有吸附铀的性能。利用这一类吸附剂做成吸附器就能够进行海水提铀。现在海水提铀已从基础研究转向开发应用研究。日本已建成年产 10 千克铀的中试工厂，一些沿海国家亦计划建造百吨级或千吨级铀工业规模的海水提铀厂。如果将来海水中的铀能全部提取出来，所含的裂变能相当于 1×10^{16} 吨优质煤，比地球上目前已探明的全部煤炭储量还多 1 000 倍。

重水是原子能反应堆的减速剂和传热介质，也是制造氢弹的原料，海水中含有 2×10^{14} 吨重水，氘是氢的同位素。氘的原子核除包含一个质子外，比氢多了一个中子。氘的化学性质与氢一样，但是一个氘原子比一个氢原子重一倍，所以叫做"重氢"。氢二氧一化合成水，重氢和氧化合成的水叫做"重水"。如果人类一直致力的受控热核聚变的研究得以解决，从海水中大规模提取重水一旦实现，海洋就能为人类提供取之不尽、用之不竭的能源。蕴藏在海水中的氘有 50 亿吨，足够人类用上千万亿年。实际上就是说，人类持续发展的能源问题一劳永逸地解决了。

据估计，世界石油的总蕴藏约 3 000 亿吨，而海洋中占有 45%；已探明的世界天然气储量是 85 000 亿~86 000 亿立方米，海洋中占 1/3。因此，近 20 年来，世界许多国家都争先恐后地对大陆架的石油和天然气进行积极的勘探和开采。我国的这方面虽然起步较晚，但已取得了很大成绩。蓝色的海洋，蕴藏着无穷无尽的宝藏。

可想而知，随着人类生活日益增长的需要和科学技术的进步，今后海洋水域工业将有很大的发展。海洋化学是一门极为重要的科学，有着广阔的发展前景。经济学家预言：21 世纪将是海洋的世纪。"海洋水产生产农牧化"、"蓝色革命计划"和"海水农业"构成未来海洋农业发展的主要方向。

随着科技的进步和时代的发展，一个开发海洋的新时代已经来临。

海洋水产生产农牧化

就是通过人为干涉，改造海洋环境，以创造经济生物生长发育所需的良好环境条件，同时也对生物本身进行必要的改造，以提高它们的质量和产量。具体就是建立育苗厂、养殖场、增殖站，进行人工育苗、养殖、增殖和放流，使海洋成为鱼、虾、贝、藻的农牧场。中国目前已是世界第一海水养殖大国。随着海洋生物技术在育种、育苗、病害防治和产品开发方面的进一步发展，海水养殖业在 21 世纪将向高技术产业转化。

海水农业

是指直接用海水灌溉农作物，开发沿岸带的盐碱地、沙漠和荒地。"蓝色革命计划"是把海水养殖业由近海向大洋扩展。"海水农业"则是要迫使陆地植物"下海"，这是与以淡水和土壤为基础的陆地农业的根本区别。人类为了获得耐海水的植物正在进行艰苦的探索，除了采用筛选、杂交育种外，还采用了细胞工程和基因工程育种。这些研究仍在继续，目前采用品种筛选和杂交等传统方法已经获得了可以用海水灌溉的小麦、大麦和西红柿等。

在不远的将来，人们还将建造"海底城市"，这已不是幻想，而是现实。目前，日本已为阿拉伯国家建造了一座海上游动的"小城市"。它大多用钢铁做成，中心是一座 6 层大厦。设有室内小花园、电影院，水电全部自己供应。它可以满足海上采油工作人员文化娱乐生活的需要。这个浮动"城市"是靠 8 根高大柱子托起的，把它们收起来，就可以当船行驶。将来许多海上工厂，将在原料生产地或市场附近的海域兴建起来，为海上城市居民提供物质需要。日本四国岛西南面的龙串湾，有个"海中公园"，人们在海底透过 16 面直径 60 厘米的玻璃窗可以饱览海底奇景：奇形怪状的礁石，五彩缤纷的珊瑚，各种奇丽的鱼儿及奇趣的海星、海葵等。自从美国第一个建造了水下实验室以后，不少国家纷纷效仿，在海底建造"钢屋"和其他建筑，"屋"内气压和海面相同，人们可以在里面正常地工作，维修海底油气井，打捞沉船，海底勘探或为潜艇补给等。另据报道，日本一群工程师、建筑师，计划在离东京 120 千米的海域上，建设世界首座"海洋城"，以解决未来人类住的问题。海洋城将建于 200 米深的海底，有 4 层楼高的钢骨平台，离海面约 70 米，面积 23 平方千米、全城由 1 万条坚固直柱顶住，直柱附近设有感应装置。可测台风、海啸及暗流，自我调整力度以抵抗这些外来压力，保持海洋城的平稳。海洋城除了住宅区外，还有一个商业中心，400 个网球场，8 个高尔夫球场，两个棒球场，1 个栽种水果蔬菜的人工田，还有纵横相连的道路。海洋城的建设费用估计需要2 000亿美元，这项巨大的工程可望在本世纪完成。届时，这座"海底城市"将居住万人以上，那时，深邃的海底不再沉默，将会跟大陆一样，变得热闹非凡，越来越多的人将去发掘它、建设它，用自己的智慧和双手去描绘这张硕大无比的宏伟蓝图。

还可以加大力度发展的项目有：发展提溴新技术，以提高现有地上卤水资源的溴利用率，提高溴质量，减少能耗，降低成本，积极发展高效溴化剂和新型阻燃剂等；积极发展"无机离子交换法海水、卤水提钾技术"，这项技术的成功，可以改造老盐化工企业，并能弥补我国陆地钾资源的不足；积极发展高技术含量、高附加值的镁新产品；加强海水提铀技术的研究开发；加强直接从海水提取其他化学物质的研究和开发，以及水、电、热联产与海水综合利用的结合。

海洋的未来向人们展示了辉煌的前景，广袤的海洋将给人类作出巨大的奉献。

知识点

海的分类

不同的海，可根据其所处位置的不同分为内陆海、陆间海和边缘海3类。

内陆海：指深入大陆内部的海，如波罗的海（深入亚欧大陆内部）。

陆间海：指介于大陆之间，并有海峡与相邻海洋相连通的海，如地中海（介于亚欧大陆与非洲大陆之间，有直布罗陀海峡与大西洋相连通）。

边缘海：指位于大陆边缘，一面以大陆为界，另一面以半岛、岛屿、群岛与大洋分开的海，如北海（位于亚欧大陆边缘，两面分别以亚欧大陆和法罗群岛、设德兰群岛等为界）。

延伸阅读

三角洲的形成

三角洲是河流流入海洋或湖泊时，因流速减低，所携带泥沙大量沉积，逐渐发展成的冲积平原。三角洲又称河口平原，从平面上看，像三角形，顶部指向上游，底边为其外缘，所以叫三角洲，三角洲的面积较大，土层深厚，水网密布，表面平坦，土质肥沃。如我国的长江三角洲、珠江三角洲、黄河三角洲等。三角洲根据形状又可分为尖头状三角洲、扇状三角洲和鸟足状三角洲。三角洲地区不但是良好的农耕区，而且往往是石油、天然气等资源十分丰富的地区。

河流注入海洋或湖泊时，水流向外扩散，动能显著减弱，并将所携带的泥沙堆积下来，形成一片向海或向湖伸出的平地，外形常呈三角形，所以称为三角洲。

三角洲是河口地区的冲积平原，是河流入海时所夹带的泥沙沉积而成的。世界上每年约有160亿立方米的泥沙被河流搬入海中。这些混在河水里的泥沙从上游流到下游时，由于河床逐渐扩大，降差减小，在河流注入大海时，水流分散，流速骤然减少，再加上潮水不时涌入有阻滞河水的作用，特别是海水中溶有许多电离性强的氯化钠（盐），它产生出的大量离子，能使那些悬浮在水中的泥沙也沉淀下来。于是，泥沙就在这里越积越多，最后露出水面。这时，河流只得绕过沙堆从两边流过去。由于沙堆的迎水面直接受到河流的冲击，不断受到流水的侵蚀，往往形成尖端状，而北方水面却比较宽大，使沙堆成为一个三角形，人们就给它们命名为"三角洲"。

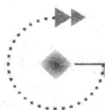

神奇的金属

金属是一种具有光泽（对可见光强烈反射）、富有延展性、容易导电、传热等性质的物质。金属的上述特质都跟金属晶体内含有自由电子有关。

每个金属具有它独特的性能。银的导热、导电性最强；铂的延展性最突出；金的延展性最优；铬的硬度最高；汞的熔点最低；等等。金属的这些性能似乎正为我们人类所准备着，日臻完善的科技将它们充分地利用起来；应用于人类的生产与生活中，不仅使社会更现代化，也给我们带来了极大的便利。

"天上来的金属"——铁

铁是地球上分布最广的金属之一，约占地壳质量的 5.1%，居元素分布序列中的第四位，仅次于氧、硅和铝。

在自然界，游离态的铁只能从陨石中找到，分布在地壳中的铁都以化合物的状态存在。铁的主要矿石有：赤铁矿 Fe_2O_3，含铁量在 50% ~ 60% 之间；磁铁矿 Fe_3O_4，含铁量 60% 以上，有亚铁磁性，此外还有褐铁矿 Fe_2

铁

$O_3 \cdot nH_2O$、菱铁矿 $FeCO_3$ 和黄铁矿 FeS_2，它们的含铁量低一些，但比较容易冶炼。我国的铁矿资源非常丰富，著名的产地有湖北大冶、东北鞍山等。

据说，当年耶路撒冷庙落成后，所罗门王举行了盛大宴会，请所有参与施工的工匠赴宴。席间，所罗门王提出一个问题："谁在神庙的建造中贡献最大？"瓦工、木工、土工一一起身应答，都认为自己贡献最大。所罗门王见了大笑，分别问他们："你的工具是谁打造的？"结果他们的回答也都是一样的："铁匠打造的。"于是，所罗门王赐给铁匠一盅美酒，宣布："铁匠才是贡献最大的人！"这个传说告诉我们，大约在 3 000 年前，铁已经在西亚发挥广泛的作用了。

铁是古代就已知的金属之一。铁矿石是地壳主要组成成分之一，铁在自然界中分布极为广泛，但人类发现和利用铁却比黄金和铜要迟。首先是由于天然的单质状态的铁在地球上非常稀少，而且它容易氧化生锈，加上它的熔点（1 812℃）又比铜（1 356℃）高得多，就使得它比铜难于熔炼。人类最早发现的铁是从天空落下来的陨石，在熔化铁矿石的方法尚未问世，人类不可能大量获得生铁的时候，铁一直被视为一种带有神秘性的最珍贵的金属。

大约距今 5 000 多年前，那时候的铁是从天而降的陨铁。陨铁是铁和镍、钴等金属的混和物，其中含铁的百分比常高达 90% 以上。在埃及、伊朗和中国等地发现的最早铁器，经鉴定证明都是用陨铁打制的。为此，古代巴比伦人把铁称做"天上来的金属"；在希腊文里，"星"和"铁"是同一个词。更有意思的是，公元前 16 世纪的埃及人认为既然铁是从天而降的，那么天必然是由一个铁盘子构成的。

可使人十分奇怪的是，甚至到 18 世纪末时，欧洲许多学者还不相信天上会掉下铁来。即使是聪明绝顶的拉瓦锡，也还在 1772 年大放厥词："天上落下铁石是不存在的事"。联想到在历史上，有许多科学事实曾被人们反复认识，肯定、否定、再肯定……不由得令人感叹：要认识一个真理是多么的困难啊！

由于陨铁的数量不多，所以初期的铁是很珍贵的，甚至有些地方把铁看得比金子还贵重。在阿拉伯人中就有这样的传说，天上的金雨落进沙漠就变成了黑色的铁。在埃及陵墓陪葬的珍宝中，有用铁珠子与金珠子交替串连而成的项链。还曾发现过公元前1250年埃及法老致赫梯国王要求提供铁的一封信及赫梯国王的回信，回信中答应提供一把铁剑，但要求用黄金交换。

既然铁如此珍贵，就促使人类从坐等"天石"到主动向地球索铁。应该说，铁毕竟是地球上分布最广泛的元素之一，也是地壳中含量占第二位的金属，所以铁矿的发现是不难的。但要从铁矿石中把铁炼出来并不容易，因为铁的熔点较高，铁的化学性质又比铜活泼得多，将它从矿石中还原出来难度更大。

大约在公元前2000年时，居住在亚美尼亚山地的基兹温达部落就已经开始使用冶炼所得到的铁了。估计是因为他们在冶炼铜矿石时采用了氧化铁为助熔剂，无意中还原出铁来的。后来，更多的地方掌握了炼铁技术，如小亚细亚的赫梯人在公元前1400年、两河流域的亚述人在公元前1300年都掌握了这项技术。我国从东周时就有炼铁，至春秋战国时代普及，是较早掌握冶铁技术的国家之一。1973年在我国河北省出土了一件商代铁刃青铜钺，表明我国劳动人民早在3 300多年以前就认识了铁，熟悉了铁的锻造性能，识别了铁与青铜在性质上的差别，把铁铸在铜兵器的刃部，以加强铜的坚韧性。经科学鉴定，证明铁刃是用陨铁锻成的。随着青铜熔炼技术的成熟，逐渐为铁的冶炼技术的发展创造了条件。我国最早人工冶炼的铁是在春秋战国之交的时期出现的。这从江苏六合县春秋墓出土的铁条、铁丸，和河南洛阳战国早期灰坑出土的铁锛均能确定是迄今为止的我国最早的生铁工具。生铁冶炼技术的出现，对封建社会的作用与蒸汽机对资本主义社会的作用可以媲美。

铁的性能较青铜好，因此，铁一旦变得比较便宜时，人们便舍铜就铁了。通常认为，大约在距今2500年前人类进入了铁器时代，这个"铁器时代"一直延续到了今天。

铁制工具的大量出现，社会生产力的显著提高，对社会的发展产生了巨大影响。有些民族因此而迅速地由原始社会过渡到奴隶社会。古希腊和罗马的奴隶社会，就是伴随铁器时代同步而来的。在古代中国，由于有更合适的农业条件，所以在拥有青铜工具后，便已进入奴隶社会，而一旦铁制工具取代青铜工具后，社会便又向封建社会过渡。可以说，没有一种元素，能像铁这样，对人类社会的变更产生过如此重大的影响。恩格斯对铁就下过这样的评价："它是在历史上起过革命作用的各种原料中最后和最重要的一种原料。"

古代炼铁的原料是铁矿石和炭。把铁矿石和炭放在炉子里一起烧，矿石中的氧和碳合成二氧化碳跑掉了，剩下来的就是铁。最早的炼铁炉很小，让自然风吹进去，炉内温度不高，炼出来的是半熔状态的铁砣砣，还得用锤子不断敲打，去掉杂质，才能锤打成熟铁用具。当时世界各地的炼铁大抵都是这样的情况。

后来，聪明的中国人向前迈了一大步。英国的科学史家贝尔纳在他权威的《历史上的科学》一书中说："在古时候作为金属的铁都有一个很严重的缺点，就是炉中鼓风不够就熔不了它，所以浇铸就留给青铜独用了。例外的是中国，早在公元前2世纪，中国已能铸铁。"

其实中国人的铸铁至少可上溯到公元前513年。那一年，晋国已能铸造刑鼎，就是将铁水注进模子中，铸成一只上面有刑书文字的铁鼎。当时的中国人将炼铁炉修得很大，用几只皮囊从四面鼓风进炉内，炉子温度提高了，铁矿石炼成铁水流出来，这就可以用翻砂的办法，把铁水浇在模子里铸成各种用具和兵器了。中国人发明的铸铁方法，欧洲人直到13世纪末才开始应用，他们是用水车带动风箱吹风的。

不过，虽说各大洲的人民几乎同时知道金、银和铜，但是对于铁的情况却不同。非洲中南部、美洲等地较亚洲、欧洲，用铁竟要晚上2 000年。18世纪英国著名航海家库克在抵达太平洋上的一些岛屿时，惊讶地发现当地居民竟然不识铁为何物。以致他的船员可以用一把破旧的铁刀从土著

埃菲尔铁塔

居民那里换取到一头猪。

最后要说的是，虽然人类很早就与铁为伴，但铁的真正崛起，却要晚至 18 世纪末：1778 年建成了第一座铁桥，1788 年采用了第一根铁管，1818 年第一艘铁船下水，1825 年第一根铁轨铺设。19 世纪铁的登峰造极的作品大约要算建于 1889 年的巴黎埃菲尔铁塔了。尽管当时很多人考虑到铁的易锈蚀，断定它的寿命不过数十年，可它终于笑傲百年风雨，至今仍雄峙在塞纳河畔，成为巴黎的一大标志景观。

知识点

铁的用途

在我们的生活里，铁可以算是最有用、最廉价、最丰富、最重的金属了。工农业生产中，铁是最重要的基本结构材料，铁合金用途广泛；国防和战争更是钢铁的较量，钢铁的年产量代表一个国家的现代化水平。

对于人体，铁是不可缺少的微量元素。在十多种人体必需的微量元素中，铁无论在重要性上还是在数量上，都居于首位。

一个正常的成年人全身含有 3 克多铁，相当于一颗小铁钉的质量。人体血液中的血红蛋白就是铁的配合物，它具有固定氧和输送氧的功能。人体缺铁会引起贫血症。只要不偏食，不大出血，成年人一般不会缺铁。

铁还是植物制造叶绿素不可缺少的催化剂。如果一盆花缺少铁，花就会失去颜色和芳香，叶子也发黄枯萎。一般土壤中也含有不少铁的化合物。

延伸阅读

埃菲尔铁塔

埃菲尔铁塔，又称为巴黎铁塔，是一座于 1889 年 4 月 25 日建成位于法国巴黎战神广场上的桁架结构铁塔，高300米，天线高24米，总高324米，为巴黎最高的建筑物。埃菲尔铁塔得名于设计它的桥梁工程师居斯塔夫·埃菲尔。铁塔设计新颖独特，是世界建筑史上的技术杰作，因而成为法国和巴黎的一个重要景点和突出标志。

埃菲尔铁塔从1887年1月26日起建，分为三楼，分别在离地面57.6米、115.7米和276.1米处，其中一、二楼设有餐厅，第三楼建有观景台，从塔座到塔顶共有1 711级阶梯，共用去钢铁7 000吨，12 000个金属部件，250万只铆钉，模仿人体的骨头构建，极为壮观。

埃菲尔铁塔由250万个铆钉连接固定，而且据说它对地面的压强只有一个人坐在椅子上那么大。于塔的4个面上，总共铭刻了72个科学家的名字，都是为了保护铁塔不被摧毁而从事研究的人们。

战神广场的另一端有和平门和和平碑，上面用不同的文字写着"和平"，表达了人们美好的愿望。

1889年5月15日，为给世界博览会开幕式剪彩，铁塔的设计师居斯塔夫·埃菲尔亲手将法国国旗升上铁塔的300米高空，由此，人们为了纪念他对法国和巴黎的这一贡献，特别还在塔下为他塑造了一座半身铜像。

直到2004年1月16日，为申办2012年夏季奥运会，法国巴黎市政府特意在埃菲尔铁塔上介绍了其为申奥所做出的准备情况，而埃菲尔铁塔更成为了该国申奥的"天然广告"。

这个为了世界博览会而落成的金属建筑，曾经保持世界最高建筑45年，直到纽约克莱斯勒大楼的出现。

古剑为何不生锈

金属生锈，给人类造成巨大损失。就拿钢铁来说，全世界每年因生锈而损耗的钢铁大约占当年产量的1/10。

金属为什么生锈？这首先跟它自身的活动性有关。铁的性质比较活泼，所以铁容易生锈。而金的活动性很差，用金制成的珍品，保存数百年，仍然光彩夺目，熠熠闪光。

金属生锈还跟水蒸气、氧气等外界条件有密切关系。有人做过实验，在绝对无水的空气中，铁放了几年也不会生锈。或者把一块铁放在煮沸过的密闭的蒸馏水中，使铁接触不到氧气和二氧化碳，铁也不会生锈。这里可以向你介绍一个小实验，自己去发现铁生锈的奥秘。

取三支试管，在两支试管中分别加入5ml蒸馏水，其中一支再加入5ml油，一支试管不加任何东西，然后在三支试管中各加入一颗光亮的小铁钉。一天后，你会发现装水试管中的铁钉腐蚀得最厉害。

人们想出了种种办法跟金属生锈作斗争。最常见的方法是给容易生锈的钢铁穿上"防护盔甲"。你看，大街上跑的小轿车，喷上了亮闪闪的喷漆。自行车的钢圈、车把上镀上了抗蚀性强的铬或镍。金属制品、机器零件出厂前，在表面涂上一层油脂。更彻底的办法是给钢铁服用"免疫药"，即在钢铁中加入适量的铬和镍，制成"不锈钢"，这种钢铁具有抵御水和氧气侵蚀的能力。

人类与金属生锈斗争的历史已经很漫长了。劳动人民曾为此写下了光辉的一页。你听说过"古剑不锈"这个故事吗？

1965年12月，我国考古工作者在湖北江陵一座楚墓中发掘出两把宝剑，这是世界上最古老的青铜宝剑，其中一把上刻有"越王勾践、自作用剑"8个字。可见，它们埋在地底下已经2 000多年了。可是，宝剑却依然光彩照人，毫无锈蚀之迹。尤其令人注目的是，金黄色剑身上布满漂亮的黑色菱形格子花纹，在剑身与剑把相连的剑格上，一边镶有绿松石，一边镶有蓝色玻璃，铸造得非常精致、美观。剑刃锋利异常，当试验者握剑轻轻一挥，竟把19层叠在一起的白纸斩断，真是锐不可当。这把宝剑在国外展出时，引起了很大的轰动。

2 000多年前，我国古代的劳动人民就能铸造出如此的宝剑，怎能不叫人惊叹呢！

经过我国冶金、考古工作者应用现代的仪器和分析检验手段，终于弄清了这些古剑的成分及制作工艺，同时也揭开了古剑不锈之谜。

古剑是由青铜制造的。所用的青铜是由铜和锡为主要元素组成的合金。锡很软，铜的硬度也不算高，但将它们按一定重量比熔炼成合金——青铜，就变得坚硬了。而且加入锡的量越多，青铜的硬度也越高。我国劳动人民在长期青铜冶炼实践中，逐步弄清了合金成分、性能和用途之间的科学关系，并能人为地控制其成分配比。春秋战国时期的《周记·考工记》中有"金之六齐"的详细记载。这里的"金"指铜，"齐"指合金。"六分其金而锡居一，谓之钟鼎之齐。五分其金而锡之一，谓之斧斤之齐。四分其金而锡居一，谓之戈戟之齐。三分其金而锡之一，谓之大刃之齐。五分其金而锡之二，谓之削杀矢之齐。金锡半，谓之鉴燧之齐。"意思是说，含锡量为 1/6（16.6%）的青铜，适于制造钟鼎，而含锡量高的青铜，适合用来制造大刀和刀、斧、矢一类兵器。实际上，含锡量为 17% 左右的青铜，为橙黄色，很美观，声音也美，这正是制造钟、鼎之类的理想材料……这是世界上最早的合金配比的经验总结。

经鉴定证明，越王勾践宝剑不是由单一的青铜，而是由高锡青铜和低锡铜复合材料制成的，剑背含锡量为 10% 左右，而刃部含锡量则为 20% 左右。这样，就使脊部具有足够的韧性。保证在格斗中经得起撞击而不致折断；刃部坚硬、刃口锋利，保证在对刺中无坚不摧。此外，剑的成分还含有少量的镍和硫，以进一步提高此剑的使用性能及耐蚀性。

古剑在熔融浇铸成型后，还要经过研磨使它锋利。越王剑的刃口磨得非常精细，可以与现代精密磨床加工的产品相媲美。剑身的菱形格子花纹与乌黑发亮的剑格，都经过了硫化处理，这种处理就是让硫或硫的化合物与剑的表面发生化学作用形成一层保护层，经这种处理后，宝剑变得既美观，又增强了抗腐蚀的能力。

无论是古剑的工艺制作，还是材料的化学成分都是十分科学，而有些技术是近代开始应用的，我国古代工匠在 2 000 多年前是怎样用这种技术的，至今还是一个秘密，有待我们去揭穿。

知识点

青铜时代

青铜时代，又称青铜器时代、青铜文明，在考古学上是以使用青

铜器为标志的人类文化发展的一个阶段。

青铜是红铜和锡的合金，因为其氧化物颜色青灰，故名青铜。由于青铜的熔点比较低，约为800℃，硬度高，为铜或锡的2倍多，所以容易熔化和铸造成型。青铜时代初期，青铜器具比重较小，甚或以石器为主，进入中后期，比重逐步增加。自有了青铜器和量的增加，农业和手工业的生产力水平提高，物质生活条件也渐渐丰富。青铜铸造术的发明，与石器时代相比，起了划时代的作用。

青铜时代的特色是青铜的广泛使用，即利用铜与锡、铅、锑或砷的合金制作工具和武器。世界上最早进入青铜时代的是两河流域和埃及等地，始于公元前3000年。希腊和中国于公元前约2500年进入青铜时代，欧洲较晚，约在公元前1400年。美洲并没有青铜时代，因为欧洲探险家将铁直接引进，使美洲直接从石器时代跳至铁器时代。

延伸阅读

越王卧薪尝胆的故事

公元前496年，吴王派兵攻打越国，被越王勾践打得大败，吴王也受了重伤，临死前，嘱咐儿子夫差要替他报仇。夫差牢记父亲的话，日夜加紧练兵，准备攻打越国。过了两年，夫差率兵把勾践打得大败，勾践被包围，无路可走，准备自杀。这时谋臣文种劝住了他，说："吴国大臣伯嚭贪财好色，可以派人去贿赂他。"勾践听从了文种的建议，就派他带着美女西施和珍宝贿赂伯嚭，伯嚭答应带西施和文种去见吴王。

文种见了吴王，献上西施，说："越王愿意投降，做您的臣下侍候您，请您能饶恕他。"伯嚭也在一旁帮文种说话。伍子胥站出来大声反对道："人常说'治病要除根'，勾践深谋远虑，文种、范蠡精明强干，这次放了他们，他们回去后就会想办法报仇的！"这时的夫差以为越国已经不足为患，又看上了西施的美色，就不听伍子胥的劝告，答应了越国的投降，把军队撤回了吴国。

吴国撤兵后，勾践带着妻子和大夫范蠡到吴国侍候吴王，放牛牧羊，终于赢得了吴王的欢心和信任。三年后，他们被释放回国了。

勾践回国后，发愤图强，准备复仇。他怕自己贪图舒适的生活，消磨了报仇的志气，晚上就枕着兵器，睡在稻草堆上，他还在房子里挂上一只苦胆，每天早上起来后就尝尝苦胆。在他的励精图治下，经过10年的艰苦奋斗，越国终于兵精粮足，转弱为强。

而吴王夫差自从战胜越国后，以为没有了后顾之忧，从此沉迷于西施的美色，过着骄奢淫逸的生活。他还听信伯嚭的坏话，杀了忠臣伍子胥。

越王勾践乘吴国兵力空虚，亲自率领5万大军攻打吴国，经过3天激战，攻下吴国都城，活捉了吴国太子。夫差远在黄池征战，来不及回兵救援，只得派人向越国求和。勾践看到吴国还有相当战斗力，消灭它的时机还不成熟，佯装答应求和，并且立即从吴国撤回军队。

又过了4年，勾践觉得已经有把握消灭吴国了，再次带兵攻打，吴王夫差派伯嚭为大将迎战。伯嚭连打了几次败仗，就投降了越国。

夫差眼看自己的大势已去，在临死前说："我死倒没有什么可怕，就怕到了阴间遇到伍子胥，我实在没有脸见他啊。"

勾践灭了吴国，又约齐、晋、宋、鲁等国会盟，成了春秋时代最后一个霸主。这个霸主之梦，曾经是死去的吴王夫差破灭了的梦，现在由勾践变成了现实。

不锈钢的诞生

随着科学技术的进步和人民生活水平的提高，在家庭炊具中增添了一名新秀——不锈钢锅。这种锅可谓锅中奇才，与其他材料做成的锅相比，具有美观、耐用、耐热、不生锈等优点，因而愈来愈受到人们的青睐。不锈钢锅当然是用不锈钢做成的。

说起不锈钢来，还有一段偶然发明史。在第一次世界大战期间，英国军方委托一位科学家研制一种不易生锈的合金，以便用来制造枪管。他进行了多次试验都没有成功。一次，他研制出一种金属铬与钢的合金，经过实验认为仍不符合要求，便把它也扔到了烂铁堆中。然而，几个月后，在清理烂铁堆时，奇迹发生了，那块铬钢光亮如新，而其他的铁都长满了锈。从此不锈钢也就应运而生了。

发展到今天，不锈钢已成为一个特殊钢系列。它也是以铁和碳为基础的铁碳合金，只是出于耐腐蚀的特殊要求，使它含有更多的合金元素。通常加入的元素有铬、镍、锰、硅、钼、钛、铌、铜、钴等。不锈钢之所以不易生锈，是因为它含有较多的合金元素铬或镍。含铬的不锈钢称为铬不锈钢。铬的加入，能使金属表面生成一层很薄很致密的氧化膜，将金属与外界易发生化学反应产生铁锈的气体介质隔绝。含铬和镍的不锈钢叫铬镍不锈钢，这种钢由于加入了较多的铬镍合金元素，使它能抵御一些非氧化性介质的侵蚀。对于铬不锈钢来说，最低限度的含铬量为11.7%（重量百分比），含铬低于这个数量的钢，一般不能称为不锈钢。不锈钢的耐腐蚀性，一般与含铬量有关，含铬量越高，则耐腐蚀越强。

正因为不锈钢不易锈蚀，所以有着广泛应用，它不仅可以做家庭炊具，而且可以做许多化工设备，如合成氨工厂里便需要20多种具有不同性能的不锈钢。在手表中，不锈钢的重量差不多占60%以上。所谓"全钢手表"就是指它的表壳和后盖全是用不锈钢做的。不锈钢炊具花色品种日益增多，备受众多家庭宠爱。

今天，我们已无法想像，如果没有不锈钢世界会是怎样一副模样。不锈钢的诞生，是冶金学在20世纪取得的最重要成就之一。在此基础上，迄今已有100多种不同类型的合金投入商业生产。当年，哈里·布雷诺预料到他从事的首创性工作将会满足飞机的燃气轮机的需要。但是他没有想到，到了50年代，冶金技术水平的提高会使人们对黑色冶金学的理解达到他那一代人所无法达到的深度；他也没想到，不锈钢和合金产品会有如此突飞猛进的发展。

改革开放以来，我国不锈钢需求增长非常快。2001年，我国就已经超过美国，成为世界不锈钢第一消费大国。近几年更是取得了长足的发展，中国在世界上的地位也迅速提高。

受国际金融危机、产能供大于求和镍价持续下跌的影响，2008年国内不锈钢产量和表观消费量出现负增长，但仍居世界首位。2008年，工业用

不锈钢的雕塑

不锈钢材料研制开发应用取得重要成果，双相不锈钢产量达到 2 万吨，同比增长 2 倍。2008 年，国内不锈钢生产企业与用户共同开发新产品的趋势更加明显，研发产品的目标更加明确。在核电、石化等许多对使用材料条件要求更为苛刻的领域内，不锈钢已经不能满足这些特殊用户的需求，不锈钢材料正在向耐蚀合金扩展。

中国不锈钢行业发展看好，但同时，行业内也存在一些问题，如行业发展存在产业集中度偏低，产业分散；产能增速过快；高端产品不足等问题。但是，随着科技水平的提高，企业管理水平的改善，行业结构的合理规划，不锈钢行业正朝着健康快速的方向发展。

不锈钢材未来应用领域不断扩大。消费结构上，大客车、地铁、高速铁路用车等公共交通运输工具也广泛采用了不锈钢。中国家电行业是不锈钢应用潜在的大市场。此外，不锈钢在水工业、建筑与结构业、环保工业、工业设施中的需求也将逐年上升，不锈钢行业的发展具有广阔的发展空间。

知识点

金 属 铬

铬，是一种化学元素。它的化学符号是 Cr，原子序数为 24，在 6 族元素中排行首位。它是一种银色的金属，质地坚硬，表面带光泽，具有很高的熔点。它无臭、无味，同时具延展性。铬的英文名称源自希腊语 "chrōma"，意思是 "颜色"，因为许多铬的化合物都具有显见的颜色。1797 年路易士·尼可拉斯·沃克朗首度自铬铅矿（铬酸铅）中发现铬。

自然界没有游离状态的铬，主要的矿物是铬铁矿。

铬主要用于制不锈钢、汽车零件、工具、磁带和录像带等。铬镀在金属上可以防锈，也叫可罗米，坚固美观。

同时，铬也是人体必需的微量元素，在肌体的糖代谢和脂代谢中发挥特殊作用。三价的铬是对人体有益的元素，而六价铬则是有毒的。人体对无机铬的吸收利用率极低，不到1%；人体对有机铬的利用率可达10%～25%。铬在天然食品中的含量较低，均以三价的形式存在。

延伸阅读

如何正确地使用不锈钢炊具

如果没有正确地使用不锈钢炊具，对人体的健康将产生不利的影响。要用好不锈钢炊具，须注意以下几点：

1. 不锈钢炊具一般都经过工艺抛光，壁较薄。洗刷宜用质地柔软的布料，不可用细沙搓擦。避免同硬物碰撞，也不宜用旺火煎炒，以免食物烧焦。

2. 洗涤不锈钢炊具切勿使用强碱性和强氧化性的化学试剂，如苏打、漂白粉、碱粉和次氯酸钙等。因为这些洗涤用品都是强电解质，与不锈钢接触会起电化学反应。也不要用不锈钢锅煎中药，因中药含有多种生物碱、有机酸等，长时间煮沸，不可避免地与之发生化学反应，降低了药物的效应。

3. 不锈钢锅盆不可久放食盐、酱油、菜汤等，因为这些食物中也含有较多的电解质，时间一长就会像其他金属一样，与这些电解质发生化学反应，炊具被破坏，食物受污染。因此，平时使用不锈钢炊具，用后即要冲洗干净，保持其清洁光亮，延长使用寿命。

用途广泛的铝

19世纪中期的一天，法国皇帝拿破仑三世，就是曾威震欧洲的波拿巴

·拿破仑的外甥，在宫廷中举行了一次盛大的宴会。宴席上，在各位客人的面前，都摆上了精致的银制餐具，在明晃晃的烛光辉映下，这些银器发射出骄傲的光芒。可是，离皇上近的客人们都注意到了：皇上面前摆的银色餐具却没有光泽。客人们骚动起来，窃窃私语。拿破仑三世见状告诉大家：这套餐具是用一种新金属铝制成的，由于它的价值远远超过金银，所以非常抱歉，今天不能让客人们都用上它。"啊，铝！"听说过的和未听说过的客人都兴奋起来了。据说宴会的高潮是客人们举起自己的银杯——与皇上的铝杯碰杯，以稍稍满足自己对铝的欲望。

铝是地壳中含量最多的金属，占到地壳总重量的 7.45%，比铁几乎多一倍。在 100 多年前，为何会如此贵重呢？

因为它的性质很活泼，它与氧结合紧密，赖在矿石中死活也不肯出来，提炼它非常困难。为把这活泼的铝从矿石中拽出来，人们作过许多努力。

1827 年，乌勒兴致勃勃地就提炼铝的问题，去哥本哈根拜访奥斯特。尽管奥斯特告诉他不打算继续搞这项试验了，乌勒仍兴致盎然，一返回德国就立即全力以赴，终于在这一年年底时用钾还原无水氯化铝获得了少量灰色粉末状的铝。乌勒坚持将实验进行下去，在 18 年后的 1845 年，他终于提炼出了一块致密的铝块来。

但是，乌勒制取铝的方法不可能应用于大量生产。这样制得的铝产量极少，价格昂贵，正如前面所述，用铝做成的餐具仅能供皇帝享用了。作为至尊至贵的皇帝，竟然不能满足客人使用铝制餐具的要求，这使拿破仑三世深为遗憾。他找来了法国化学家德维尔："先生，您是否能找到一种大量制取铝的方法，可使我的每位客人面前都能摆上铝餐具，甚至能使我的卫兵戴上铝头盔呢？"

拿破仑三世拨给德维尔大量经费。终于，德维尔不负所托，1854 年在乌勒实验基础上用钠代替钾还原出了金属铝，开始了铝的工业生产。1855 年，在巴黎举行的世界博览会上，有一小块铝放置在最珍贵的珠宝旁边，它的标签上注明着"来自黏土的白银"。它，就是德维尔的成果。德维尔的纯铝为法国皇帝带来了极大的荣耀，拿破仑三世骄傲地宣告："我们法国人是发现铝的捷足先登者"！德维尔却不愿掠人之美，他亲手用铝铸造了一枚纪念章，上面刻着乌勒的名字、头像和"1827"这个年份，作为礼物郑

重地赠给他的德国同行和先驱。两人由此成了亲密的朋友。

人称"德维尔的银子"的铝在巴黎世界博览会上的展出，意味着铝已迈入了世界市场的大门。

1914年，第一次世界大战正在法国北部激烈地进行。一天拂晓，在前线的英法联军发现德国的齐柏林飞艇部队旋风般地掠过天空。飞艇巨大的身躯就像怪物一样压在人们心头，战场上顿时一片惊恐。联军司令部要求高炮部队不惜任何代价也要击落德军齐柏林飞艇。因为它的出现向英国和法国人提出了一系列问题：为什么齐柏林飞艇能带那么多炸弹？又能飞得那么高、那么远？制造这种飞艇用的金属材料究竟是什么？终于，科学家获得了宝贵的第一手材料。飞艇的秘密终于揭开了。制飞艇的金属材料是铝的合金——杜拉铝。它是德国哥廷根大学沃拉教授的助手阿·威廉于1907年5月在一次偶然的机会中发现的产物。其构架是一种添加了4%的铜及少量镁、锰的铝合金，经高温淬火，时效硬化处理后而成的一种硬铝，后在杜拉实现了工业化，故命名为杜拉铝。

20世纪初杜拉铝的诞生，为崭露头角初试锋芒的航空工业带来了蓬勃生机。铝以压倒群芳的优势一举摘取了飞行材料霸主的桂冠。1912年当德国科学家雷斯涅尔设计了世界第一架铝飞机后，各国的军用飞机相继采用此种材料。以德国霍克战斗机和多次深入奥、匈帝国建立奇功的加勃罗列加轰炸机以及日本的零式战斗机和曾在广岛、长崎上空投原子弹的B-29美制远程轰炸机为代表的机种，在设计、制造和取材上都无愧是第一二次世界大战中铝制材料飞机的佼佼者。特别是日本的零式战斗机所使用的超硬铝（ESD），强度可达60~75千克/平方毫米。其制铝技艺之精湛，至今也堪称一绝。与后来英法合制的超音速协和式飞机相比也毫不逊色。

随着飞机工业的发展，铝工业形成空前繁荣局面。铝产量由1916年9个国家的13万吨猛增到1943年19个国家的195万吨。1952年更达到203万吨，超过二战时最高产量。

丰富的铝材，促进了航空技术的发展，又使传统的铝合金在阻滞飞速跃升的音障和热障的挑战面前力不胜任。为此，一批新的高强度合金、高疲劳性能合金、高刚度合金、耐热合金和低密度合金等铝材相继应运而生，其综合性能可与钛合金相媲美。如最近研制出的铝锂合金，以其卓越的较低密度，较高的比刚度和比强度等性能，使飞机减重 10%~20%，同时为高超音速航天飞机能像飞机一样从跑道起飞并达到轨道速度的设想，在材料上提供了希望。

由于铝合金成本低、工艺性能好，故仍不失为结构材料中呼声较高的现代飞机最佳材料。目前一架现代化的超音速飞机，铝合金的重量要占总重量的 70% 左右。以超过两倍音速飞行的"协和式"客机，用铝材料达 220 吨。1970 年 6 月美国研制的 B-1 战略轰炸机用铝为 112 吨。

在航天飞行器中铝合金也得到广泛应用。我国的第一颗人造地球卫星"东方红 1 号"的外壳就是铝合金制成的。美国"阿波罗 11 号"宇宙飞船使用的金属材料中，铝合金占 75%；航天飞机的骨架桁条和蒙皮舱壁绝大部分也都用铝合金做结构材料。无怪乎人们把铝称做"飞行金属"。

在铝合金材料得到"空中骄子"美誉的同时，有"陆地堡垒"之称的坦克也格外钟情于它。20 世纪 50 年代，英国进行的有关均质铝装甲材料 D54S 和 E74S 与 IT80 装甲钢的防护性能的实验表明：在相同面密度的情况下，对榴弹破片的防护能力铝装甲优于钢甲，随着弹丸直径的增大，入射角在30°~45°范围之外，铝装甲防护的优越性就更为突出，而且铝合金具有强、硬、韧等特点，与同等防护力的钢装甲相比重量可减少 60% 以上。铝可以紧密结合，能减少车体结构的脆弱区。在铝板的近表层加铸钢条的装甲制造工艺，还可使穿甲弹命中时发生方向偏转，能有效地对付长管滑膛炮弹对坦克的攻击。

在 70 年代中期，随着英国耗资 600 万英镑研制出钢、铝、陶瓷复合而

铝 板

成的乔巴姆装甲后，铝装甲已由装甲输送车发展到轻型坦克、步兵战车和中型主战坦克。美国的 M2 型步兵战车，英国的 FV-10 型蝎式轻型坦克和"勇士"式中型主战坦克都是其中的佼佼者。我国早在 60 年代中即开始了铝装甲材料的研制，一种新型的 5210 铝装甲已在部分战车上使用。

铝除了被用于防护装甲外，为了节约能耗，减轻重量，提高速度，增加载重，坦克内的许多重要部件都相继出现"铝化"的趋势。以英国"蝎式"坦克为例，其平衡肘连杆底座，刹车盘、转向节、引导轮、负重轮、炮塔座圈、烟幕发射器、弹药架和贮藏舱等均为铝合金制品，重量较钢结构的可减轻一半以上。

铝材料大胆镶入坦克之后，又与钢铁在其他兵器及舰船等领域展开了激烈的角逐。

在火炮方面，美国 M102 式 105 毫米榴弹炮最为典型。它的大架、摇架、前座板、左右耳轴托架、瞄准镜支架、牵引杆和平衡机外筒均用铝合金制成。加之其结构的变化使火炮重量从其前身 M101 式炮的 3.7 吨降到 1.1 吨，射程则提高了 35% ~ 40%，实现了战时全炮的空运空投，大大提高了此种炮的机动性。

对用尾翼稳定的各种大口径炮弹、战术导弹和火箭弹，其尾部零件如尾翼、尾杆下弹体、弹托、尾翼座等也多用铝合金，使弹体稳定性进一步得到加强。以奥地利 105 毫米破甲弹为例，其尾部 3 个铝件占全弹重的 11%。而铝在导弹中的用量可占总重量的 10% ~ 50%。另外，各类弹的引信体多数也是采用铝件制成的。

在舰船领域，美国一艘航空母舰目前用 1 万吨铝材，代替了 2 万吨钢材，减轻一半重量，提高了战术性能和装载重量。再如英国的新型导弹驱逐舰也使用大量铝合金制成。另外，铝反射光的能力强，常用在仪器中做反射镜。铝又是非磁性金属，所以舰船上的罗盘常藏在铝合金壳里以防磁场的磁化。

在运输领域，汽车用铝热正席卷世界。目前，各国都在千方百计地增加铝在汽车中的比例。有人做过计算，1979 年小型汽车每辆平均用铝 50 千克，可减轻重量 6 千克。而小型汽车每减轻 0.5 千克，以行程 160 900 千米可节油 5 升计算，每辆车就可节油 1 282 升。美国年产小型汽车约 100 万辆，每年就可节约 1.31 亿升燃油。为此，美国 1975 年平均每辆汽车用铝仅 25 千克。到 1985 年就增加到 200 千克左右。作为世界名牌车之一的前联邦德国波尔舍小汽车，每辆用铝有 236 千克之多。

随着铝材天地的不断拓展，可以预见，人类进入一个以铝为主体的轻金属时代已为期不远了。

知识点

铝的属性

铝是轻金属，密度仅是铁1/3左右。纯净的铝是银白色的，因在空气中易与氧气化合，在表面生成致密的氧化物薄膜，所以通常略显银灰色，平常我们可见的铝制品，均已经被氧化。而其氧化薄膜又使铝不易被腐蚀。

铝能够与稀的强酸（如稀盐酸、稀硫酸等）进行反应，生成氢气和相应的铝盐，但一般需要将其氧化膜去掉或快速摩擦后放入酸液中。与一般的金属不同的是，它也可以和强碱进行反应，形成四羟基合铝酸盐和氢气。因此认为铝是两性金属，铝的氧化物称为两性氧化物，而氢氧化铝则称为两性氢氧化物。

在常温下，铝在浓硝酸和浓硫酸中被钝化，不与它们反应，所以浓硝酸是用铝罐（可维持约180小时）运输的。

纯铝较软，在300℃左右失去抗张强度。经处理过的铝合金，质轻而较坚韧。

延伸阅读

坦克的发明

坦克，或者称为战车，现代陆上作战的主要武器，有"陆战之王"的美称，它是一种具有强大的直射火力、高度越野机动性和很强的装甲防护力的履带式装甲战斗车辆。主要执行与对方坦克或其他装甲车辆作战，也可以压制、消灭反坦克武器，摧毁工事，歼灭敌方有生力量。坦克一般装备一中或大口径火炮（有些现代坦克的火炮甚至可以发射反坦克、反直升机导弹）以及数挺防空（高射）或同轴（并列）机枪。坦克大多使用旋转炮塔，但亦少数使用固定式主炮。坦克主要由武器系统、火控系统、动力系统、通信系统、装甲车体等系统组成。大多数现代坦克都具有一定的潜渡能力。

"坦克"是英语"Tank"的音译，原意为"大水柜"，该名称是英国为了在1915年首次使用坦克作战之前对外保密而起的。他们在送往战场的战车贴上"Tank"的字样，并对外宣称是它们是盛载饮水和食物的容器，该名称便一直沿用至今。

坦克车的概念最早可见于列奥那多·达芬奇手稿中的一台圆锥体的武装装甲车。实际做出来是由一个叫埃文顿的英国战地记者实现的。1903年发明出履带车辆，主要是当做农业用的牵引机，英国这时候也注意这台履带车辆，不但在1915年2月成立Landships（陆舟）的研究机构，并向HOLT购买两台牵引机做研究，同年底，该机构研发出第一辆装甲履带车，称为"小威利"。

第一次世界大战期间，交战双方为突破由堑壕、铁丝网、机枪火力点组成的防御阵地，打破阵地战的僵局，迫切需要研制一种火力、机动、防护三者有机结合的新式武器。英国人E·D·斯文顿在一起意外中发现，如果在拖拉机上装上火炮或机枪，它不就无敌了吗？1915年，英国政府采纳了E·D·斯文顿的建议，利用汽车、拖拉机、枪炮制造和冶金技术，试制了坦克的样车。

1916年生产了"马克"Ⅰ型坦克，外廓呈菱形，刚性悬挂，车体两侧履带架上有突出的炮座，两条履带从顶上绕过车体，车后伸出一对转向轮。该坦克乘员8人，有"雄性"和"雌性"两种。"雄性"装有2门57毫米火炮和4挺机枪，"雌性"仅装5挺机枪。1916年9月15日，有60辆"马克"Ⅰ型坦克首次投入索姆河战役。

这种称为"马克"Ⅰ型的坦克靠履带行走，能驰骋疆场、越障跨壕、不怕枪弹、无所阻挡，很快就突破德军防线，从此开辟了陆军机械化的新时代。从那时起到现在，世界上已经制造了数十万辆坦克，成为各国陆军、海军陆战队和空降兵的主要作战武器。

"大地女神之子"——钛

　　1791年，英国分析化学家格列高尔在铁矿砂中发现一种新的金属，这种金属具有当时已知的任何金属都不具备的奇特性质。1795年，德国的化学家马丁·克拉普特对这种金属又进行了深入的研究，并根据希腊神话中大地女神之子的名字"泰坦"（Titans），给这种金属起了个名字叫钛（Titanium）。他坚信钛这位"大地女神之子"一定不会辜负它"母亲"的愿望，为人类作出新的贡献。很久以来，人们曾认为钛极其稀少，一直把它称为"稀有金属"。

带银光泽的钛

　　其实，钛占地壳元素组成的6‰，是第四位大量存在的金属。不但地球上有钛，从月球上采集的岩石标本中也含有丰富的钛。从矿石中提炼钛，不是一件简单容易的事，目前一般采用的方法是：利用镁对氯的化合力比钛强的特点，在高温下用熔融状态的镁从气态的四氯化钛中将氯夺出来，这样就得到单质钛。用这种方法制得的钛疏松多孔，呈海绵状，人称"海绵钛"。将"海绵钛"在真空下或惰性气体中熔化提炼，便可获得较纯净和致密的钛。钛比铝密度大一点儿，但硬度却比铝高2倍。如制成合金，则强度可提高2～4倍。因此，它非常适于制作飞机、航天器的外壳及有关部件等。目前，世界上每年用于宇航工业的钛已达到1 000吨以上。在美国"阿波罗"宇宙飞船中，使用的钛材料占整个材料的5%。因此钛常被称为"空间金属"。钛不但能帮助人类上天，还能帮助人类下海。

　　由于它既能抗腐蚀，又具有高强度，还可避免磁性水雷的攻击，因此钛成了造军舰和潜艇的好材料。1977年，原苏联用3 500多吨钛建造当时

世界上速度最快的核潜艇；美国
海军用钛合金制成深海潜艇，能
在4 500米的深海中航行。钛和一
些金属制成合金在低温下会出现
几乎没有电阻、通电也不发热的
"超导现象"。这在电讯工业上是
极为宝贵的。如钛和铌制成的合
金，是目前使用最广、研究也最
多的一种超导材料。美国目前生
产的超导材料，有90%是用钛铌

海绵钛

合金做的。钛有这样一种非常难得的性质：如果把它植入人体，能和人体
的各种生理组织及具有酸、碱性的各种体液"友好相处"，不会引起各种
副作用。这种高度稳定性和与人类骨骼差不多的密度，使它成为外科医生
最理想的人造骨骼的材料。钛还有许多非凡的本领。

例如，有的钛合金居然具有"吸气"的能耐，能大量吸收氢气，成为
贮存氢气的好材料，为氢气的利用创造了条件；有的钛合金具有"超塑
性"，可以很容易地加工成任何形状，等等。由于钛在提炼方法和应用加工
上还有许多问题需要解决，世界上成千上万的科学家仍在努力探索这位
"大地女神之子"的奥秘。随着科技水平的提高，钛的冶炼提纯方法将会
得到改进，在不久的将来，钛的产量会迅速增加，成为仅次于铁和铝的
"第三金属"；钛的应用也会更加广泛，成为名副其实的"21世纪金属"。
"大地女神之子"将更加光彩夺目！

知识点

钛的含量与分布

自然中的钛总是与其他元素结合成化合物。大部分的火成岩及由
其演变成的沉积岩都含有钛（生物及天然水体也含有钛）。实际上，在

美国地质调查局分析过的 801 种火成岩中，784 种含有钛，钛大约占土壤的 0.5%～1.5%。

钛分布很广，主要矿物为锐钛矿、板钛矿、钛铁矿、钙钛矿、金红石、榍石及大部分铁矿石。这些矿物中，只有金红石和钛铁矿具有经济价值，但即使是这两种矿物，它们的高浓度矿源仍是很难找。铁钛矿的重要矿源主要分布于澳洲西部、加拿大、中国、印度、莫桑比克、新西兰、挪威及乌克兰。北美洲及南非亦有大量开采金红石，促使钛金属的年产量至 9 万吨及二氧化钛至 430 万吨。据估计，钛的贮藏量超过 6 亿吨。

钛可以在陨石中找到，并且已在太阳及 M 型恒星处侦测到钛；M 型恒星是温度最冷的恒星，表面温度为 3 200 摄氏度。在"阿波罗 17 号"从月球带回的岩石中，二氧化钛含量达 12.1%。钛还可以在煤灰、植物，甚至人体中找到。

延伸阅读

大地女神——盖亚

盖亚，或译盖娅，是希腊神话的大地之神，非常显赫且德高望重。

盖亚是最早的神。相传开天辟地之时，她由混沌中诞生。她是天空之神乌剌诺斯的母亲，而后与他结合生下 12 个提坦、3 个独眼巨人、3 个百臂巨人。她是世界的开始，所有天神都是她的后代，宙斯是她的孙子。

由于乌剌诺斯把独眼巨人和百臂巨神关到地狱深处，生气的盖娅唆使儿子克罗诺斯（Cronus）阉割了父亲，又帮助克罗诺斯的妻子保住了第三代神王宙斯。可以说希腊神话史、神王的更替史都和她有关。至今，西方人仍然常以"盖娅"代称地球，在英语中也有许多"G"字母开头的单词和"地球"有关。她在希腊各地都受到崇拜，著名的特尔斐神庙最初曾是她的祭殿。西方人至今还常以其名"盖亚"代称地球。

奇特的"液体的银"

汞（mercury，Hg），俗称水银，在各种金属中，汞的熔点是最低的，只有 $-38.87℃$，也是唯一在常温下呈液态并易流动的金属。密度 $13.595g/cm^3$，蒸气密度 $6.9g/cm^3$。它的化学符号来源于拉丁文，原意是"液态银"。

关于金属汞的生产，例如汞矿的开采与汞的冶炼，尤其是土法火式炼汞，空气、土壤、水质都有污染；制造、校验和维修汞温度计、血压计、流量仪、液面计、控制仪、气压表、汞整流器等，尤其用热汞法生产危害更大；制造荧光灯、紫外线灯、电影放映灯、X线球管等；化学工业中作为生产汞化合物的原料，或作为催化剂如食盐电解用汞阴极制氯气、烧碱等；以汞齐方式提取金银等贵金属以及镀金、馏金等；口腔科以银汞齐填补龋洞；钚反应堆的冷却剂等等。

汞的无机化合物如硝酸汞（$Hg(NO_3)_2$）、升汞（$HgCl_2$）、甘汞（Hg_2Cl_2）、溴化汞（$HgBr_2$）、砷酸汞（$HgAsO_4$）、硫化汞（HgS）、硫酸汞（$HgSO_4$）、氧化汞（HgO）、氰化汞（$Hg(CN)_2$）等，用于汞化合物的合成，或作为催化剂、颜料、涂料等；有的还作为药物，口服、过量吸入其粉尘及皮肤涂布时均可引起中毒。此外，雷汞（$Hg(ONC)_2 \cdot 1/2H_2O$）用于制造雷管等。

水银储存槽

汞在自然界中分布量很小，被认为是稀有金属，但它的使用历史在金属中虽位于7种金属之末，却早于其他金属，这和汞比较容易从含有它的矿石中取得有关。把天然硫化汞放在金属中焙烧，就可得到汞。有时，单质汞还会从一些人们意想不到的地方冒出来，例如，在西班牙的一些山区，汞会在井底出现。人们曾在埃及的古墓中发现过一小管汞，据考证是公元前 16—前 15 世纪的产物，也够久远的了。

这种奇特的可以流动的"液体的银"（亚里士多德语），使古人对它充满了敬畏，由此衍生出了许许多多的故事……

荒谬的雨露育就了化学之花

明朝成化年间，山西洪洞县有个富甲一方的王员外，家中白花花的银子多得不可胜数。一日，王员外府上来了一个道士，说是曾在中条山上拜异人为师，学得"炼银成金"之法，因王员外祖上积善有德，命里注定要发财，所以特来献宝。

王员外将信将疑地看他表演。道士取出袖中的一块银子供在桌上，默诵一通，焚化符咒一纸。然后，道士吩咐端来一只焰火正炽的炭盆。将银子投入。几个时辰过去了，炭火慢慢小了下去，又渐渐熄灭。道士扒开灰烬，众人凑上来一看；咦，银子不见了，在灰烬中的是一块黄澄澄的金子——银子果然变成了金子。王员外见了大喜，待道士如上宾，吩咐将家中的银子悉数交与道士去变黄金。不料，道士竟将银子全部卷走。王员外给活活气死，但他至死不解：不是亲眼看到银子变金子的吗，这又是怎么回事呢？这是道士利用汞搞的把戏。

汞被誉为"金属的溶剂"，因为它容易同金属结合成合金——汞齐。"齐"是古代对合金的称呼。金溶解于汞中形成的金汞齐，看上去银光闪闪，道士便是用它来冒充银子的。道士将表面涂有金汞齐的黄金投进炭盆后，汞受热蒸发，留下来的便是黄澄澄的金子了。

其实，古代的鎏金技术就是用的此法：将金汞齐涂在铜器表面，再经烘烤，汞蒸发后金就留在器物表面了。

金不怕酸碱，不怕火烧，可居然能溶于汞中，这当然要使古人以神秘的眼光来看待汞了。大约从汉武帝时起，汞及其化合物就成了金丹术的首选材料了。

据说，金丹术的始作俑者是西汉时的方士李少君。他见汉武帝一心想成仙，便从旁游说道，只要祭了灶神，朱砂（即天然硫化汞）就可炼成黄金；把这黄金做成了器具盛东西吃，就会遇到蓬莱仙岛的仙人，就能长生

不老了。

于是汉武帝很有兴趣地看李少君折腾那些材料：将鲜红的石朱砂放在炉中，烧成闪闪发光的水银；加入亮黄色的硫黄粉后，水银变成了黑色；再加热，又会变成红颜色……

李少君玩弄的那些把戏现在可从化学上得到很简单的解释：石朱砂一经用比较低的温度加热就可以分解出水银，而水银和硫磺很容易化合生成黑色硫化汞，硫化汞有黑色和红色两种类型，黑色的再加热使它升华就会变成红色……遗憾的是汉武帝不懂其中的道理，对这种操作看得津津有味，全然不知道这繁杂的变化过程中会放出有毒的汞蒸气，肯定会减少他的寿数。李少君搞的把戏后人称为"炼金术"。因这种法术几百年用下来仍未见效，方士渐渐失去了信心，又转为炼丹。就是用石朱砂、胆矾、云母、铅粉、铜、金等化学物质进行相互间的作用，变来变去，炼出一种红色的药丸——仙丹来。这种丹吃下去便能长生不老。由于石朱砂是炼丹的首选材料，因此也被称做"丹砂"。《西游记》里说孙悟空被太上老君关在炉里烧了九九八十一天，那炉子便是老头儿用来炼丹的。

炼金术炼不出金来明摆着就失败了，炼丹就不一样了。不管怎样，那"仙丹"总是能得到的，至于吃下去后情况怎样，也不是能立竿见影的事。所以炼丹术兴起后，维持了一段较长的时间。

方士炼出的丹其实都是些含汞、铅、砷等有毒的物质，它不仅不能使人长生，相反的却使一些帝王过早断送了性命。仅仅在唐朝，就有太宗、宪宗、穆宗、敬宗、武宗、宣宗6个皇帝是被"仙丹"毒死的。这些悲惨的教训，终于使皇帝们放弃了寻求仙丹的努力，唐代后，金丹术便逐渐消沉下去了。

金丹术的目的是荒诞的。不过，历代金丹家在炼金、炼丹的过程中，亲自采集矿物、药物，做了许多实验，积累了许多关于物质性质和相互作用的宝贵知识，完成了不少化学转变，也在此过程中掌握了一些元素的性质，发现了一些元素。英国科学家李约瑟对中国金丹术在化学史上的地位作了充分肯定，他说："整个化学最重要的根源之一，是地地道道从中国传出去的。"

知识点

汞的毒性

纯汞有毒，其化合物和盐的毒性多数非常高，口服、吸入或接触后可以导致脑和肝损伤，故今天的温度计大多数使用酒精取代汞，但因其精确度高，一些医用温度计仍然使用汞。

在标准气温和气压下，纯汞最大的危险是它很容易氧化而产生氧化汞，氧化汞容易形成小颗粒从而加大它的表面面积。

虽然纯汞比其化合物的毒性低，但它依然是一种很危险的污染物，因为它在生物体内会形成有机化合物。

最危险的汞有机化合物是二甲基汞（C_2H_6Hg），仅数微升接触在皮肤上就可以致死。

硫化汞是毒性较低的化合物。

汞可以在生物体内积累，很容易被皮肤以及呼吸道和消化道吸收。水俣病是汞中毒的一种。汞破坏中枢神经组织，对口、黏膜和牙齿有不良影响。长时间暴露在高汞环境中可以导致脑损伤和死亡。尽管汞沸点很高，但在室内温度下饱和的汞蒸气已经达到了中毒剂量的数倍。

因此在操作汞时要特别小心。盛汞的容器要特别防止它溢出或蒸发，加热汞一定要在一个通风和过滤良好的罩子下进行。此外，有些汞的化合物会自动还原为纯汞，而纯汞则会蒸发，这往往会被忽视。

在污染严重的地区，汞可能会随雨水落下。大气中大部分的汞来自东亚。

延伸阅读

中国的炼金术

炼金术是中世纪的一种化学哲学的思想和始祖，是当代化学的雏形。

其目标是通过化学方法将一些基本金属转变为黄金，制造万灵药及制备长生不老药。现在的科学表明这种方法是行不通的。但是直到19世纪之前，炼金术尚未被科学证据所否定。包括艾萨克·牛顿在内的一些著名科学家都曾进行过炼金术尝试。现代化学的出现才使人们对炼金术的可能性产生了怀疑。炼金术在一个复杂网络之下跨越至少2500年，曾存在于美索不达米亚、古埃及、波斯、印度、中国、日本、朝鲜、古希腊和罗马，以及穆斯林文明，然后在欧洲存在直至19世纪。

炼金术在中国古代道术中的"炼丹术"，由于引用了很多道家理念，所以有不少是提及养生和修行的理论，比西方炼金术多了医药及医疗的概念和用途。

中国在秦始皇统一六国之后，曾派人到海上求仙人不死之药。汉武帝本人就热衷于神仙和长生不死之药。到了东汉炼丹术得到发展，出现了著名的炼丹术家魏伯阳，著书《周易参同契》以阐明长生不死之说。继后，晋代炼丹家陶弘景著《真诰》。到了唐代，炼丹术跟道教结合起来而进入全盛时期，这时炼丹术家孙思邈，著作《丹房诀要》。这些炼丹术著作都有不少化学知识，据统计共有化学药物60多种，还有许多关于化学变化的记载。

只是大部分所谓"仙丹"乃是用重金属如铅、汞等炼制而成的，吃了不仅不能长生不老还可能死得更快。

中国和其他地方一样，炼丹术有两种信仰：一是相信金属会化为黄金；二是相信这种服食丹药可以成仙。

在公元前4世纪的中国文献里，就明确提到这两种信仰。学者普遍同意邹衍是炼丹术的创立者。在公元前2世纪，刘安和其他作者（淮南子·仙药）："为神丹既成，不但长生，又可以作黄金"，都提到金丹和长生不死的关系。

细菌的死对头——银

银是人类不可或缺的重要金属。利用太阳能来发电，喷气式飞机的引擎，操作电子计算机，发动汽车，等等，银在现代科学技术下，获得了日新月异的发展。然而，银又是一种稀有贵重的金属，在1 000多米深的地下，采掘1吨矿石才能取得仅50克的银。

古代，银主要用于铸造货币。公元前640年小亚细亚的利底亚王国率先用银铸币。亚历山大大帝征战东西开创事业用于支付军费的就是产自希腊的银币。

用银制成日用器具称为银器，由于银很软，一般需要使用标准银，也就是用925份银和75份铜合成的合金。用标准银制作的银器是珍贵的艺术品，又具有很大的实用价值，为大多数收藏家所关注。将这种光亮的金属捶成箔，10万张叠起来也不过2厘米厚，还可在如此薄的银器上蚀刻雕镂，也可拉成如发细丝。这些光泽明亮、玲珑剔透的银器在今天非常值钱。二次世界大战后才制作的银汤匙，当时值3.5美元，而今价值20多美元。以前，银的用途主要是硬币、首饰、纪念品、餐具等，今天，银展现出日新月异的变化，其用途十分广泛。

蒙古人爱用银碗盛马奶来招待客人，以表示对客人的友谊像银子那样纯洁，像马奶那样洁白。奇怪的是，银碗好像有什么魔术似的，牛奶、食物一放在银碗里面，它的保存时间就会长得多。用银壶盛放的饮水，甚至可以保持几个月也不腐败。这是怎么回事呢？一般人都以为，银子是不会溶解于水的。其实，世界上绝对不溶于水的东西几乎是没有的。银子和水会面以后，总会有微量的银进入水中，成为银离子。银离子是各种细菌的死对头，1升水中只要有五百亿分之一克的银离子，就足以叫细菌一命呜呼了。没有细菌的兴风作浪，食物自然就不容易腐败了。

当你游泳时，给眼睛滴入一滴棕色的蛋白银溶液，可以使你免除因游泳而害眼病。现代医学也看中了银离子的杀菌本领，比如磺胺药中的磺胺嘧啶银，由于分子中有了银，使它的抗菌本领大大增强，当烧伤、烫伤病人的创面发生感染，使用磺胺嘧啶银

用碳氧焰烧成熔融的银

能很好地控制感染，使人类在对付创面感染的"战斗"中，增添了一种有效的"武器"。银是摄影不可缺的材料。胶片上的银化合物薄膜只要在一丝微光下便会强烈曝光，银离子能将光量放大 10 亿倍。从成像的效果和功能来看，银是摄影当中任何其他金属化合物不能替代的。而且一张底片所需银又是微乎其微的！医学上透视用的 X 射线也是靠银的作用成像于底片上的。

银具有强的杀菌能力，是良好的保健用品。在净水方面一茶匙银能净化 260 亿升水，功效胜过氯的 10 倍。美国已决定选用银在未来太空交通船中做净水剂。银在具有强杀菌力的同时对人无伤害。医生用 1% 硝酸银溶液滴入新生婴儿眼中，防治能导致失明的感染。严重的灼伤病人需用银化合物消炎，外科医生用银线缝合伤口，用银带扎缚骨骼，用银片补脑壳上的洞等等。

银的导电性能优越，光滑而不易氧化，因此，银是最好的导线。从细小的助听器到庞大的电站系统、发电厂，都是用银做接触金属的地方。汽车因为装上了银制的钮形装置，改变了从前靠摇转曲柄发动，现在一扭开关就能发动。

厨房的电灶也采用类似小银盘做开关，电话机也是如此。试想，如果没有银，我们打不通电话，看不到电视，开不亮电灯，打不开电灶，也不能使用冰箱，人类生活真是索然无味了！

在航空方面不仅用银配制接触装置，也利用银的强结合力焊接钢和铝等零件。

电解的银

银锌电池功率比普通电池高 20 倍。体重 3 千克多的银锌电池不过手掌那么大，却可以供在太空行走时维生的设备所需电力，像灌输氧供呼吸用，推动太空衣内冷却剂，发出信号记录心跳情况等。

银制电池输出电量多是良好的能源。而用银制的镜面聚焦太阳能可以获很高热能，许多面银镜聚焦太阳能，转射到巨炉中，产生的高温达 3800℃，能在 50 秒内烧穿 1 厘米厚的钢板；而且用这种太阳热能精炼物质

纯度极高，广泛地用于超级耐熔材料，供应鼓风机、核子工厂、喷气机和火箭之需。用这样聚集的太阳能发电已经成为现实，许多农户利用屋顶来制成银镜，利用太阳能发电既安全又便宜。

知识点

银的种类

藏银

按照历史定义是含银大约30%以上的一种合金，但是现在市场上的藏银，几乎不含银，只是白铜合金的工艺品。

泰银

一般是千足银，即999‰的含银量，也有些仿制泰国工艺把925‰银硫化成"古银效果"的也称做"泰银"，国内生产的泰银一般工艺比较简单，所以比起925‰银镀白金，价格要较低一些。

苗银

苗银也叫云南银，非纯银，是苗族特有一种银金属。其含量成分有银、白铜等，含银量约在40%，所以一般价格比较低。

彩银

彩银是在景泰蓝基础上发展而来的，起源于明朝，银坊的工匠把一种类似玻璃的透明天然釉料手工绘画在纯银上面，经高温焙烧制成了彩色银饰，且永不褪色，因此彩银比传统的素银更加唯美传神、高贵典雅，且极具收藏价值。

延伸阅读

银针为什么能试毒

在民间，银针能验毒的说法广为流传。早在宋代著名法医学家宋慈的

《洗冤集录》中就有用银针验尸的记载，这也被当时法医检验引为准绳。时至今日，还有些人常用银制筷子来检验食物中是否有毒，存在着银制器具能验毒的观念。

古人所指的毒，主要是指剧毒砒霜，即三氧化二砷，古代生产技术落后，致使砒霜里都伴有少量的硫和硫化物，其所含的硫化物与银针接触，就可起化学作用，使银针的表面产生一层黑色的"硫银"。到了现代，生产砒霜的技术比古代要进步很多，提炼很纯净，不再伴有硫和硫化物，银的金属化学性质很稳定，在通常的条件下并不与砒霜起反应。

可见，古人用银器验毒是受到历史与科学限制的缘故。有的物品不含毒，但却含有许多硫，银针插进去也会变黑，相反，有些是很毒的物品，却不含硫，比如毒草、亚硝酸盐、农药、毒鼠药等，银针与它们接触，也不会出现变黑反应。因此，银针不能鉴别毒物，更不能用来作为验毒的工具。

银虽不能验毒，然而却能消毒。每升水中只要含有五千万分之一毫克的银离子，便可使水中大部分细菌致死，其机制是：银在水中可形成带正电荷的离子，能吸附水中的细菌，并逐步进入细菌体内，使细菌失去代谢能力而死亡。所以，用银做碗、筷使用于日常生活中仍是大有好处的。

■■■ 有记忆能力的记忆合金

前不久，美国的科学家将一条没有任何燃料的小轮船放进游泳池。小轮船竟在游泳池内转起圈来。这一现象惊呆了在场的观众。小轮船为什么在无燃料的情况下能够航行呢？原来这是"记忆金属"在作怪。

"记忆金属"，这个名字叫起来好像很古怪，难道金属像高等动物那样会有记忆力吗？它能记忆些什么呢？的确，有一类金属具有"记忆力"，它能够"记忆"自己的形状。自古以来，人们总认为，只有人和某些高级动物才有"记忆"能力，而非生物是不可能具有这种能力的。可是，在60年代初，美国海军研究所一个研究小组，偶然发现镍钛合金丝竟然也具有一种"形状记忆"的本领。这个研究小组的成员在领到一批乱如麻丝的

Ni—Ti 合金丝后，花了不少精力将它们弄直，可是当他们将这些金属丝放在近火处时，发现它们又重新变弯了。这个偶然的发现立即引起了人们的高度兴趣。于是在合金大家庭中又找到了像 Cu—Al—Ni、Ni—Al、Ni—Co—Si 等一类具有记忆形状能力的合金。

记忆金属在不同温度下会发生形状的变化。在冷水中，先将一段笔直的 Ni—Ti 合金丝弄弯，然后将它放在热水中，这时 Ni—Ti 丝又变直了。这样反复改变合金丝的温度，它的形状也会随之产生反复的变化。

能引起记忆合金形状改变的条件是温度。这是因为这类合金存在着一对可逆转变的晶体结构。如含有 Ni 和 Ti 各为 50% 的记忆合金，有两种晶体结构，一种是菱形的，另一种是立方体的，这两种晶体结构相互转变的温度是一定的。高于这一温度，它会由菱形结构转变为立方体结构；低于这一温度，又由立方体结构转变为菱形结构。晶体结构类型改变了，它的形状也就随之改变。前面在游泳池内航行的小轮船，就是用这种"记忆合金"做了发条。在较低的温度下，将船上的发条盘紧，不需要任何齿轮等装置，只要将小轮船放到较高温度的游泳池内，船上的发条就会自动慢慢放开，带动螺旋桨，小轮船便自由自在地航行起来。

在冷水中让记忆合金弯曲时所消耗的能量远远小于它在热水中恢复原形时所释放出的能量。所以，它在能量转化过程中似乎是"不守恒"的，竟出现了能量的"净增加"。这一现象，曾引起科学界的混乱。有些人甚至声称能量转化和守恒定律不成立了，物理学等自然科学就需要重新改写。客观世界本身就是多层次的，每个层次上都有它自身的规律，各层次的规律又各不相同。人们在无法解释记忆合金能量的"净增加"现象时，只能说明人们对这一新发现还不认识。后来，这一能量"净增加"的现象，终于被 1977 年诺贝尔化学奖获得者比利时科学家普利高津用"耗散结构理论"所解释。

原来，这些合金都有一个特殊转变温度，在转变温度以下，金属晶体结构处于一种不稳定结构状态，在转变温度以上，金属结构是一种稳定结构状态，一旦把材料加热到转变温度以上，不稳定的晶体结构就转变成稳定结构，材料也就恢复了原来的形状。记忆合金由于它们有着奇妙的作用，因此在很多重要地方显示了它们非凡的本领，向人类表明了它们具有很大的发展前途。记忆合金对自己形状的这种记忆性能也给人类立下了汗马功劳。

在城市的街道上，从早到晚都是车水马龙。公共汽车繁忙地运送乘客，货车满载工农业产品及原材料飞驰，救护车不断地来往于各大医院，消防车奔忙于火灾现场周围……这些汽车的车身大都是用金属材料制成的，一旦发生碰撞，车身凹下，就只能送到修理厂由工人师傅手工敲平复原。如果汽车车身用形状记忆合金制造，那么修理工作就变得简单多了。撞瘪的汽车不必送修理厂，只要往撞瘪的车体上浇几桶热水，就能自动地恢复原状。用来制造这种汽车车体的记忆合金具有单向记忆功能，它能记住自己在较高温度状态下被制成的车体形状。不管平时把它变成什么样的形状，只要加热到它的转变温度，就会立即恢复到原来的形状。

用记忆合金还可以制成各种管接头。制造时其内径要比它所连接的管子的外径约小4%。在室温下，这种记忆合金非常软，所以接头内径容易扩大。在这种状态下，把要接的管子插入接头内。加热后，接头的内径就恢复到原来的尺寸，完成管子的连接过程，而且温度降到室温也不再改变。因为这种形状恢复力很大，所以连接很严密，无漏油危险。美国已在海军F—14型战斗机的油压系统中使用了10万个这样的接头，使用多年从未发生漏油或者破损。

用单向形状记忆合金制成的眼镜框，镜片固定丝在装入凹槽里时并不太紧，轻微受热时，利用其超弹性逐渐绷紧。这种镜框不会出现普通塑料或金属镜框与镜片不协调的现象。例如，不管如何用劲擦拭或气温降低，镜片决不会滑脱。在拥挤的汽车上一旦眼镜掉在地上被人踩瘪，这种镜框也不会报废，只要经热风一吹或在酒精灯上略加烘烤，就可以完全复原。

记忆合金用于人体矫形外科。效果良好。例如接骨用的骨板，用记忆合金将骨折部位固定，然后加热，合金板便收缩，不但能将两断骨固定住。而且在收缩过程中产生压缩力，迫使断骨接合在一起。又如用记忆合金制作治疗脊椎侧弯症的矫正棒。与以往用不锈钢矫正棒相比，不但提高了矫正率，而且发生骨折和神经麻痹的危险性也大大减小。此外，牙科用的矫形齿丝，外科用的人造关节、骨髓内钉等器件，也都是靠体温的作用启动的。

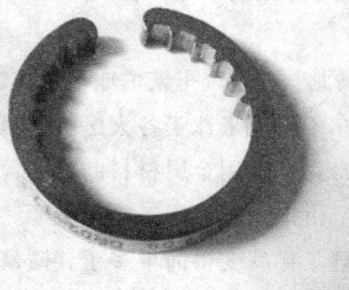

用记忆合金做成的接骨器

美国曾利用记忆合金的特性，将由
Ti—Ni 合金做成的发射和接受天线通过
宇宙飞船带到月球上。这种直径为 254
毫米的半球形天线被折叠成 50 毫米大
小的一团后，放在宇宙飞船内（缩小体
积时节省飞船的建造费用是十分重要
的）传送到月球上后，吸收太阳光的热
量后又自动恢复为原来的半球面形。

国外服装厂用记忆合金代替胸罩内
的钢丝，衬托乳房，使胸部线条
更加优美。在 25℃ 以下时，它可
以任意搓洗、折叠；而穿到身上，
温度达到 32℃ 以上时，它就像钢
丝一样自然恢复到原定形状，将
乳房托起。这一应用颇受到世界
妇女的普遍赞赏。人们还利用这
种合金的记忆能力，制出了自控
装置。例如，温室中的窗臂，在

镍钛记忆合金丝

太阳下山时，温度较低，它便自动将窗户关闭；而当太阳升起时，温度较
高，它又会自动将窗户打开。恪守职责，从不失误。人们可用记忆合金制
成元件，安装在工厂、仓库、宾馆等建筑的电路中，并选择记忆合金的转
变温度和环境的安全温度相近，当环境的温度高于"安全温度"时，也就
是说即将发生火灾，此时记忆合金元件发生形状变化，接通电路，从而发
出报警信号，人们会迅速将火灾消灭在发生之前。如果将记忆合金元件直
接与自动灭火装置相连，即使火灾发生了，自动灭火装置会迅速启动，自
动灭火。用记忆合金还可制造新的刹车系统，以减少汽车事故的发生。

一般汽车急刹车时，是由汽车的"制动片"去卡车轮的转轴，由于制
动片是由一般金属做的，总不能使汽车立即刹车，事故也往往发生在这一
瞬间。如果在汽车的轮胎中镶嵌几圈记忆合金，当遇到情况紧急刹车时，
由于轮胎与地面摩擦产生热量，记忆合金会迅速恢复原来形状，纷纷向外

凸出牢牢卡住汽车轮转轴，使高速行驶的汽车迅速停住，避免车祸的发生。

美国登月宇宙飞船上的自展天线，也是用镍钛形状记忆合金制造的。科学家们首先用这种合金在40℃以上做成大半球形展开天线，然后冷却到40℃以下，施加外力，把天线折叠成小球团，放进飞船里，只占很小空间。登月后，经太阳光照射，温度可达到40℃以上，此时，天线会自动展开，恢复成原来的大半球形状，一架像大伞似的天线，便在月球上安装成功了！

其实，金属的记忆早就被发现：把一根直铁丝弯成直角（90°），一松开，它就要回复一点儿，形成大于90°的角度。把一根弯铁丝调直，必须把它折到超过180°后再松开，这样它才能正好回复到直线状态，这就是中国成语中所讲的矫枉过正。还有记忆力更好的合金就是弹簧（这里所说的是钢制弹簧，钢是铁碳合金），弹簧牢牢地记住了自己的形状，外力一撤除，马上回复到自己的原来的样子，只是弹簧的记忆温度很宽，不像记忆合金这样有一个特定的转变温度，从而有了一些特别的功用。

利用记忆合金在特定温度下的形变功能，可以制作多种温控器件，可以制作温控电路、温控阀门、温控的管道连接。人们已经利用记忆合金制作了自动的消防龙头——失火温度升高，记忆合金变形，使阀门开启，喷水救火。制作了机械零件的连接、管道的连接，飞机的空中加油的接口处就是利用了记忆合金——两机油管套结后，利用电加热改变温度，接口处记忆合金变形，使接口紧密，滴油不漏。制作了宇宙空间站的面积几百平米的自展天线——先在地面上制成大面积的抛物线形或平面天线，折叠成一团，用飞船带到太空，温度转变，自展成原来的大面积和形状。

记忆合金目前已发展到几十种，在航空、军事、工业、农业、医疗等领域有着广泛用途，而且发展趋势十分可观，它将大展宏图，造福于人类。

知识点

形状记忆合金的3种记忆效应

形状记忆合金的记忆效应可以分为下列3种：

（1）单程记忆效应：

形状记忆合金在较低的温度下变形，加热后可恢复变形前的形状，这种只在加热过程中存在的形状记忆现象称为单程记忆效应。

（2）双程记忆效应：

某些合金加热时恢复高温相形状，冷却时又能恢复低温相形状，称为双程记忆效应。

（3）全程记忆效应：

加热时恢复高温相形状，冷却时变为形状相同而取向相反的低温相形状，称为全程记忆效应。

延伸阅读

植物里的金属

1995 年，俄罗斯奥尔登堡大学的生物学家梅格列特在研究一种叫蓼的一年生草本植物时，意外地发现蓼的叶子中含有异常高的锌、铅、镉等金属。这是否表明蓼有从土壤中吸收这些金属的"嗜好"呢？于是他带着这个疑问，在一些被锌、铅、镉之类金属污染过的土地上种了大量的蓼。这些蓼长得非常茂盛，叶子又大又厚，结果在 1 公顷的土地上，一个季节就收获了大量的蓼。梅格列特将蓼草放入 800 ℃的炉子里烧，草化为灰烬，结果从中得到了 1.3 千克镉、23 千克铅、322 千克锌。

最近，德国奥尔登大学的一个试验小组已在一处废金属堆放场引种俄罗斯大蓼获得成功。

同时，还有文献报道，美国加利福尼亚的专家们通过研究发现，野生芥菜有从土壤中蓄积镍的功能，他们把种植的半公顷的野生芥菜秆割下来，晒干再烧成灰，每 100 克芥菜灰中获得了 15～20 克镍。

科学研究证明，植物在千百万年漫长的进化演变过程中，已经练就了一身非凡绝招，许多植物有累积某些金属元素的能力。如堇菜好锌、香薷含铜比较丰富、烟草含铀特别多，还有紫云英含硒、苜蓿含钽、石松含锰格外丰富。生长在含黄金特别多的土壤中的玉米或木贼草，烧成灰，每吨竟可以提取到 10 克黄金。有些植物能累积稀有金属，如铬、镧、钇、铌、钍等，被称为"绿色稀有金属库"。它们对稀有金属的聚集能力要比一般植物高出几十倍、成百倍，甚至上千倍。比如铬，在一般植物中用光谱检测也很难发现，而凤眼兰却能在根上累积铬，其含量可达到 0.13%。

这一系列的发现引起了科学家们的极大兴趣，被人们称为"绿色冶金"技术。专家预言，如果这一成果取得突破性的进展，人类将有可能通过种植植物来获得所需的金属，同时还可以改善遭受人类破坏的环境。

金属里的"孪生兄弟"

把铌、钽放到一起来介绍是有道理的，因为它们在元素周期表里是同族，物理、化学性质很相似，而且常常伴生在一起，真称得上是一对维妙维肖的"孪生兄弟"。

事实上，当人们在 19 世纪初首次发现铌、钽的时候（1801 年，英国化学家哈奇特发现铌，1802 年，瑞典化学家埃克贝里发现钽），还以为它们是同一种元素哩。以后大约过了 43 年，人们用化学方法第一次把它们分开，这才弄清楚它们原来是两种不同的金属。

铌、钽均系稀有高熔点金属，它们的性质和用途也就有不少相似之处。

既然被称做稀有高熔点金属，铌、钽最主要的特点当然是耐热。它们的熔点分别高达 2 467℃ 和 2 980℃，不要说一般的火势烧不化它们，就是炼钢炉里烈焰翻腾

钽

的火海也奈何它们不得。难怪在一些高温高热的部门里，特别是制造 1 600℃ 以上的真空加热炉里，钽金属是十分合适的用做炉内支撑附件、热屏蔽、加热器和散热片等的材料。

作为一种重要的合金元素，铌已广泛地应用到普通低合金钢、无磁钢、低温钢、耐蚀钢、弹簧钢、轴承钢等钢种里，用量要占世界铌总消费量的86%以上。在这些钢里，铌通过晶粒细化、沉淀强化等作用，不仅改善了它们的抗腐蚀、抗氧化、抗磨损等性能，而且有效地提高了它们的强度。比如，普通低合金钢里只要加进万分之几的铌，就能提高强度10%~20%，再加上其他性能的改善，1吨含铌高强低合金钢可以顶1.2~1.3吨普通钢使用，现已广泛用到汽车制造、石油管道、机械制造以及海洋、地质、化工等领域中。同样，铸铁中添加了铌，由于能析出坚硬耐磨的碳氮化铌，结果提高了强度，延长了使用寿命。

铌、钽合金的塑性好，加工和焊接性能优良，能制成薄板和外形复杂的零件，用做航天和航空工业的热防护和结构材料。比如含铌、镍、钴的超级合金，可用来制作喷气发动机的部件，用做宇宙飞船及其重返大气层时的耐高温结构材料，钽钨、钽钨铪、钽铪合金用做火箭、导弹和喷气发动机的耐热高强材料以及控制和调节装备的零件等。目前研制新型的高温结构材料，开始把注意力更多地转向铌、钽，许多高温高强合金都有这一对"孪生兄弟"参加，它们的产量正在进一步增长。

此外，铌和铌合金抗得住熔融碱金属的腐蚀，对核燃料的相容性又好，可以用做核反应堆材料。钽的硼化物、硅化物、氮化物及其合金，常被用来制作核工业中的释热元件和液态金属的包套材料。铌钛系和铌锆系的某些合金具有恒弹性能，可制作特殊用途的弹性元件。氧化钽和氧化铌用于制造高级光学玻璃和催化剂。铌酸锂是一种优良的压电晶体，在彩色电视滤波器和雷达延迟线上得到了应用。还有，铌酸锶钡单晶用做激光通信装置的调制器，二硒化铌用做电动机械和仪表装置的自润滑填充剂……

抗蚀本领"出类拔萃"，别看钢铁那么坚硬，时间长了它会生锈。其他许多金属在使用过程中也会慢慢地蚀坏。据统计，正在使用中的金属材料，每年因为腐蚀大约要损毁2%，也就是相当于每年要有成百万吨金属变成废品。腐蚀给我们带来的损失实在是太大了。

尤其在化学工业里，成天同酸碱打交道，腐蚀更是个大问题。许多化学产品，比如硝酸、硫酸、盐酸、纯碱、烧碱等等，遇到普通的钢铁，用不了多长时间就会把它们"吃掉"。

人们于是千方百计设法提高金属的抗蚀本领。

挨个检验一下吧，究竟谁的抗蚀本领最强呢？人们发现，铌、钽的抗蚀本领在金属中是数一数二的，有些方面甚至超过白金（铂）。

拿铌来说，它在一般温度下不与空气里的氧气打交道，即使放到工业区的大气中 16 年，它的表面也不会生锈，只是稍稍有点儿变暗。

钽铁矿

不仅钢铁，一般的金属都害怕强酸，它们往往一掉进强酸就"烟消云散"和"影踪全无"了。铌和钽却不理会这些，在 150℃ 的条件下，除了氢氟酸、发烟硫酸和强碱以外，铌、钽能够抵抗其他各种酸类、碱类的侵袭，包括能把白金、黄金消溶的王水在内，一般的浓淡冷热，都不能伤害它们。有人曾把铌放在浓热的硝酸里 2 个月，放在强烈的王水中 6 昼夜，结果它照样还是"面不改色"，安然无恙。

钽对酸类简直具有特殊的稳定性，胜过玻璃和陶瓷，是所有金属中最耐酸蚀的品种。钽不但不怕硝酸、盐酸、王水，就是加热到 900℃ 的高温，在熔融的锂、钠、钾等个性活泼的金属溶液里，它也不会受到损害。把钽放在大多数常见的腐蚀性物质中长期地工作，我们尽可以放心。

正是因为具备了这个特长，所以铌和钽，特别是钽，在化学工业中被广泛用来制造各种高级的耐酸设备，比如制备硝酸、硫酸等用的过滤器、搅拌器、冷凝器、加热器以及生产化学纤维用的喷丝头、耐酸滤网等。近些年来钽的产量成倍增长，主要就是它在化工方面获得广泛应用的结果。

此外，钽和铌还常被用来制作各种精密天平的砝码、自来水笔笔尖、电唱机的唱针、钟表的弹簧，以及代替白金制造某些电极、蒸发皿等等。

外科医疗上的妙用

钽在医学领域中也占有重要的地位。

钽对化学药品的耐蚀力极强，在大气中不生锈、不变色，一些最忌生锈的医疗器材，比如牙科器材、部分外科器材和化学仪器，都宜于用钽来制造。

不仅可以用来制造医疗器械，钽还是一种极好的"生物适应性材料"。

大家知道，人身上的骨头能够长肉，动物身上的骨头能够长肉。在金属上也能长出肉来吗？

能够的。有这样的事例：医院给骨折病人做手术，用钽条来代替折断了的骨头，过了一段时间，肌肉居然会在钽条上长出来，就像在真正的骨头上长出来一样。

除此之外，钽片可以修补头盖骨损伤，钽丝、钽箔可以用来缝合神经、肌腱和内径小于1.5毫米的血管，用钽丝织成的钽网还能在腹腔手术中用来补偿肌肉组织以加强腹腔壁。当然，用钽材来制造接骨板、螺丝、夹杆、钉子、缝合针等更是轻而易举的事。

为什么钽在外科手术中会有这样的妙用呢？

关键是因为钽有极好的抗蚀性和适应性，既不与人体里的各种具有腐蚀性的"体液"发生作用，又几乎完全不刺激人体的机体组织，对于任何杀菌方法都能适应，且有很好的愈合性，所以能够同人体组织长期结合而无害地留在人体里。

过去人体里使用的金属器件大多是不锈钢，它同其他"亲生物"金属相比，主要优点是比较便宜，但是它的副作用比较大，耐蚀性和生物适应性赶不上钽。

利用铌、钽的这种化学稳定性，我们还可以用它们来制造电解电容器、整流器等等。特别是钽，它在酸性电解液中能生成稳定的阳极氧化膜，用来制造电解电容器正合适。20世纪70年代末大约有2/3以上的钽用来生产大容量、小体积、高可靠性的固体电解电容器，每年生产数亿只，成为钽的最大用户。

说起来，铌、钽可真是"稀有"金属。在每1吨地壳物质里，平均含有铌20多克，含钽只有2克左右，数量确实不多。

但是，自然界里含铌、钽的矿物却不少，已经发现的含铌矿物就有130多种，其中最主要的是烧绿石和铌铁矿，含钽的主要矿物是钽铁矿、重钽铁矿、细晶石和黑稀金矿。世界上多数铌矿石的含铌品位只有0.2%~0.6%。

正是因为铌和钽的物理化学性质很相似，所以总爱共生在同一种矿物里，要把这一对"孪生兄弟"分离开来还不很容易。先要分解精矿，净化分离出钽、铌，这样得到的钽、铌可不是金属，而是它们的化合物。接着还要经过一系列的物理化学处理，用钠、铝或碳等做还原剂，这才能把它们从化合物中"解放"出来。还原得到的钽、铌通常都是粉状的，于是又要把它们压制成坯块，放进一种特殊的炉子里，在高温真空的条件下，用电弧、电子束或等离子束等进行熔炼，除去气体杂质和容易挥发的非金属杂质，才能得到块锭。最后经过加工，可以制成板、管、丝、箔等铌材和钽材。

你看，要得到一点铌、钽多么不易，怪不得它们的价格会那样昂贵。

我国的铌、钽资源相当丰富，已经发现的具有工业价值的含铌矿物就有铌铁矿、铌钽铁矿、褐钇铌矿、含铌钛铁金红石、易解石、烧绿石，以及一些含钽铌酸盐的砂矿。此外，我国的某些炼钢炉渣和炼锡废渣，也都是提取铌、钽的重要资源。

当然，资源多也不应该浪费。矿产资源是人民的，应该十分珍惜人民的财富。铌、钽常常跟铁伴生在一起，一定要注意资源的综合利用，在炼铁的同时把铌、钽回收出来，让它们在社会主义的现代化建设中发挥应有的作用。

知识点

白金与白色K金的区别

根据国家贵金属首饰标准，只有铂金才可以称为白金。

铂金，是一种天然的白色贵金属。另外，只有含铂量在850‰以上的首饰才能带有铂金的专有标志——铂（铂金，白金）或Pt。并在标志后带有表示铂金纯度（含铂量）的千分数，如铂（铂金，白金）950，Pt950。铂金首饰通常带有Pt850、Pt900、Pt950、Pt990或Pt999（千足铂）的纯度标志。

　　白色 K 金，市场上也有误称做 K 白金。它呈现出白色，因此是最容易跟铂金混淆的白色金属，但却是与铂金完全不同的金属。它的主要成分是黄金，是黄金与其他金属的混合体。白色 K 金标明 K 数 [K 即黄金含量，铂金首饰的纯度不用"K"表示，因此铂金首饰不存在所谓 18K 或 750（即 750‰）纯度]。"18K 白金"这样的说法是错误的。它其实就是 18K 的白色 K 金，是 75% 的黄金与 25% 的其他金属的混合体。白色 K 金的价格低于铂金和黄金，现已被广泛用于首饰制作。

　　区分铂金和其他白色金属最直接的方法是寻找首饰内的是否有 Pt 或铂的专有标志。

延伸阅读

玻璃是怎样诞生的

　　玻璃是生活中常见物品，它外表晶莹光滑，在人们的眼中它也是晶体家族的一员，其实玻璃并非晶体。那玻璃真实身份是什么呢？

　　玻璃是一种较为透明的固体物质，在熔融时形成连续网络结构，冷却过程中黏度逐渐增大并硬化而不结晶的硅酸盐类非金属材料。普通玻璃化学氧化物的组成，主要成分是二氧化硅。广泛应用于建筑物，用来隔风透光。

　　中国古代亦称琉璃，是一种透明、强度及硬度颇高，不透气的物料。玻璃在日常环境中呈化学惰性，亦不会与生物起作用，故此用途非常广泛。玻璃一般不溶于酸；但溶于强碱，例如氢氧化铯。在生活中，由于玻璃晶莹、形态规则，在生活中经常被误认为是晶体家庭的成员。玻璃是一种非晶形过冷固体。熔融的玻璃迅速冷却，各分子因为没有足够时间形成晶体而形成玻璃。

　　那么，玻璃是怎样诞生的呢？

　　传说很久以前，有一只腓尼基商船，从非洲贩运一批天然碱。一天，狂风骤起，恶浪滔天。他们决定靠岸抛锚，在沙滩暂做停留。船上的人，肚子饿得咕咕作响。于是，他们拖着沉重的双脚，踏遍沙滩寻找石头，准备砌灶升炊。可是，大家一无所得。这时，一个聪明的水手从船仓搬来几块大碱料，围成了炉灶，升起了火，才得饱餐一顿。翌日清晨，在他们拔起锅灶准备启航的时候，水手们突然发现一块亮晶晶的东西留在灰烬上，它像一块宝石，在晨曦下熠熠发光。

这就是流传已久的发明玻璃的故事。尽管这个传说不足为信，但是它告诉人们，玻璃是由砂子、纯碱等原料熔制出来的。

今天，玻璃这个材料王国的老前辈，已经不单是用来制造水杯、玻璃窗、瓶瓶罐罐、镜子和各种玲珑细巧的艺术品了，它已经迈出日常生活的门槛，大踏步地跨进了科学技术的各个领域。

人类的左右手：稀土金属

如果你有打火机，只要用大拇指把打火机上的可动部分一按，"咔嚓"一声，小转轮底下迸出了火花，就把汽油灯芯或可燃气体给点着了。

打火机打火，关键在于金刚砂转轮底下的那一小块打火石，打火石不是普通的石头，而是一种稍加摩擦或敲打就很容易氧化并发火燃烧的金属，是一种用镧、铈等稀土金属与铁的合金制成的。这种发火合金现在还已被广泛地应用到曳光弹、子弹和点火装置以及其他军事设施上。

讲到稀土金属，前面已经说过，成员可真不少，总共 17 个，被称为"稀土十七姊妹"。

稀土金属大都有一副朴素的银灰色的外表，只有少数几种呈淡黄色或浅蓝色。它们的外貌相像，化学性质相似，所以在矿物中经常共生在一起，只有钷是例外。从 1794 年芬兰人加多林在一种不寻常的黑色矿石——硅铍钇矿中分离出第一种稀土金属钇，到 1947 年美国马林斯基等从铀的裂变产物中找到钷，其间经历 150 多年，才终于把稀土家族的全部成员找齐。

从发现到应用还有一个挺长的时期。钇、铈、镧等少数几种稀土金属到 20 世纪 50 年代，其余多数稀土金属到 60 年代，才开始进行工业性生

钇

产。即使到今天，我们还很少有机会看到单一的纯稀土金属。工业上往往直接利用混合稀土金属，也就是包含有多种稀土金属的合金。

稀土金属的用途日广，用量增大，越来越成为我们生产和生活中的得力助手。

"稀土十七姊妹"的化学性质活泼，几乎能同所有的元素起作用。在电真空技术中，混合稀土金属和铝、钍的合金用做电子管的消气剂，清除里面的残余气体，提高电子管的真空质量。

稀土金属的光谱非常丰富，而且能量分布均匀，可以得到强度很高、颜色非常匀称的弧光。电器工业用稀土金属的各种氟化物（主要是氟化铈）制造碳弧电极，用到探照灯、弧光灯和彩色电视等方面，灯的亮度增强，发光时间持久。

稀土金属的化合物是极重要的发光材料。它们以某种方式吸收外界的能量，然后把它转化成为光发射出来。单一的高纯稀土氧化物如氧化钇、氧化铈、氧化钆、氧化镧、氧化铽等，可以制成各种荧光体，广泛应用到彩色电视机、彩色和黑白大屏幕投影电视、航空显示器、X 射线增感屏等方面，同时也可用来制作超短余辉材料、各种灯用荧光粉等等。

日光灯是千家万户不可缺少的光源，它省电，发光效率高，但也有不足，主要是显色性差，灯光下看物体白淡淡的。如果采用稀土三基色（红、绿、蓝）荧光粉，并按一定配比涂在灯管上，那末发光效率就可以更高，节电 25%，而且显色性好，能够充分显示被照物体的本来颜色，光线柔和，对保护视力也大有好处。

一台彩色电视机就用上了 5 种稀土金属：电视机的玻壳里含有氧化钕；玻壳要用氧化铈抛光，氧化钪被用做彩色显像管里电子枪上的阴极，荧光屏上的红色荧光粉是钇和铕的氧化物。这种荧光粉的发光效率高，色彩鲜艳稳定，能使图像亮度增强 40%。

此外，稀土发光材料还被用做投影电视白色荧光粉、超短余辉荧光粉、其他各种灯用荧光粉、X 射线增感屏用荧光粉等等。用于 X 射线增感屏的稀土荧光粉，可使增感倍数达到 5 倍之多，这不仅大大降低了 X 射线剂量，减少了它对人体的危害，而且还能节约能源，延长 X 射线管的使用寿命，有利于有关设备的小型化。

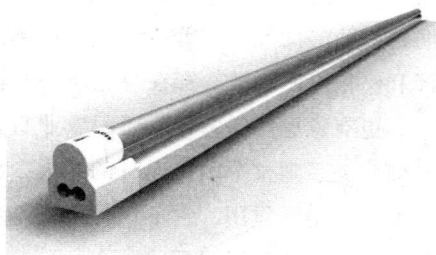

日光灯

人们从 20 世纪 60 年代起就开始认识到稀土金属的催化性能。裂化是石油的化学加工过程，目的是把石油的大分子裂解成更多的小分子，也就是以重质油品为原料，制得较轻较贵重的油品（如汽油）。这个过程在催化剂的作用下可以进行得更快更有效。过去石油催化裂化都用合成硅酸铝做催化剂，1962 年，人们研制出一种稀土分子筛催化剂来逐步代替它，与原来的催化剂相比，稀土分子筛催化剂的活性高，寿命长，处理能力提高 24%，汽油产率增长 13%，还能改善所产汽油的质量。

直到现在，石油化工仍然是稀土金属的主要用户之一。除了把铈族混合稀土氯化物和富镧稀土氯化物制备的微球分子筛，用于石油的催化裂化过程外，稀土催化还可以用到其他各个方面，比如硫酸铈是氧化二氧化硫的催化剂，氯化铈是聚酯生产的催化剂，硝酸铈是合成耐纶、人造羊毛的催化剂。一种稀土金属镨、钕的催化剂已用到合成橡胶的生产上，化肥生产过程中也要用到稀土催化剂。

近些年来，稀土金属还在消除公害、防止污染方面初显身手。比如，稀土化合物可以用来有效地清除工业废水里的磷酸盐、氟化物等杂质。某些稀土金属与另外一些金属的复合氧化物，可以用于净化气体，一个典型的例子是把镧铜锰氧化物制成催化剂，用到汽车排气系统中，它能催化一氧化碳和碳氢化合物在较高温度下氧化，变成二氧化碳和水，使一辆汽车即使行驶万里也不冒一缕黑烟，既减轻了大气污染，又节省了汽油消耗。

在油漆、颜料、纺织、化学试剂、照相药品等生产部门，稀土金属的化合物也得到了广泛的应用。在日常使用的各种塑料制品的生产中，加进适量的稀土化合物，不仅可防止塑料制品的老化，且能提高它们的耐磨、耐热、耐酸性能。稀土用于皮革和毛线的染色，对皮革具有去臭、防腐、防蛀、防酸的效果，着色牢固，日晒雨淋也不易褪色；对毛线则有增强光泽和鲜艳度的功能，穿在身上蓬松柔软而不起球。

更有意思的是，稀土还跟农业直接挂上了钩。民以食为天，农业收成如何，关系到整个国民经济的发展。稀土在实现我国农业现代化方面，可以发挥一定的作用，它不仅可以制造农药，消灭害虫害菌，更重要的是可以用来生产稀土微量元素肥料——"常乐"，直接为增加农业收成和改善作物果实品质作贡献。

名不见经传的"常乐"是我国科技人员的创造，实际上是一种以稀土为主要成分的新型植物生长调节剂。说它是微量元素肥料，是因为它用量很少，远不像施普通肥料那样多，一般每667平方米地只需25～50克就够。可是，用量虽小，作用却很大，它能促进农作物生根发芽，枝繁叶茂，叶绿素增加，光合作用增强，氮、磷、钾的吸收和运转加快，结果使小麦、水稻等粮食作物增产5%～13%，花生、大豆等油料作物增产10%以上，甘蔗增产8%～12%，烟草增产8%～19%，茶叶增产20%，蔬菜、水果增产10%～20%。投资1元，能取得7～10元以上的收益，而且使用技术简便，成本低，无毒无污染，安全可靠，何乐而不为。

我国从1986年开始大面积推广稀土农用，到1989年已总共施用2 500吨"常乐"，累计推广面积413.3万公顷，增产粮食、豆类约5亿千克，增加的农业经济效益接近6亿元。继冶金、石油化工之后，农业已成为我国稀土的第三大用户。

不断发展的新用途

我们在日常生活中会经常碰到磁体，而制造电子、电工器件以及精密仪器、仪表就更少不了磁性材料。一切具有磁性的物体都可以叫做磁体，其中能长期保存磁性的磁体被叫做永磁体。

人们最早利用的磁体是天然磁体，比如磁铁矿就是。但是现在用的磁体却是用钢、合金或金属氧化物制成的，叫做人工磁体。近几十年来，人工永磁体有了很大的发展，从普通的高碳钢发展到铁钴合金，以后又在这种合金中加进了钨、钼或者铝、镍等等。但是，这些磁性材料都有一个很大的缺点，即它们的磁场能量小，做成的器件又大又重，结果带来了很多麻烦。

重大的变化发生在1967年，美国科学家首先发现某些稀土和钴的金属间化合物具有极优异的磁性能，这样就发明了一种有名的钐钴永磁体。以后，又在这个基础上发展出了一系列以稀土和铁、钴、铜、镍等合金为基的永磁体。这就是第一代和第二代稀土永磁材料，它们的磁场能量比碳钢高150倍，相当于铝镍钴磁体的4倍。

1983年又研制出了第三代稀土永磁材料——钕铁硼永磁体，这才是真正的"永磁王"，它的磁场能量超出第一代稀土永磁体1倍多。钕铁硼永磁体可吸起比它自身重量大640倍的铁块，而同样大小的铁氧体磁体，却只能吸起比自身重量大120倍的铁块。具有优异磁性能的稀土永磁体，为所制器件和产品的微型化轻量化开辟了道路，并被广泛用到电机装置、家用电器、仪器仪表、医疗器械以及粒子束聚焦系统、磁悬浮技术等方面。

你手上戴的指针式石英电子手表，就少不了稀土永磁体，因为转动指针要用微型步进电机，而这种电机的转子就是用钐钴永磁材料制作的。用稀土永磁体做的拾音器，体积小，重量轻，装到电吉他上，灵敏度要比铁氧体拾音器高3~4倍，而且音色、音量也好得多。高压电子显微镜上的重要部件——小型磁透镜，是用稀土金属镝和钬制成的，它的效能与500千克重的铁芯磁透镜相同，而重量却只有它的1/250。利用强大的稀土永磁体，还可以使轴承与轴座脱离接触，变成一种无摩擦轴承，它不需要外来能源，运行起来要安全可靠得多。

前面已经提到磁共振成像装置，它是目前世界上最先进的医疗诊断设备。这种设备所需的强大磁场，如果依靠铁氧体磁体来提供，那就需要100吨重的磁体，若用"永磁王"钕铁硼来代替，则仅要2~4吨便足够，从而使这个庞然大物变得简单小巧得多。

我国稀土永磁材料的研究开发工作发展迅速，如今已广泛应用到卫星通信的示波管、陀螺仪以及航空、坦克、汽车、电梯、家用电器、电脑驱动等各类专用电机上。我国新生产的10万~30万千瓦发电机组，几乎全部配用稀土永磁副励磁机，总装机容量为1 640万千瓦，仅仅由于可靠性提高这一点，就已经为国家节约了 1.9 亿千瓦时的电力。

知识点

稀土三元素：镓、铟、铊

镓是银白色的软金属，用刀轻轻就能切开。它的熔点很低，只有 29.7℃，低于人的体温。除了铯以外，镓就是最容易熔化的在室温下呈固态的金属元素了。熔融的镓与汞（水银）一样，具有光亮如镜的表面。

有趣的是，镓的熔点很低，沸点却很高，在 29.7℃到约 2 205℃的范围内，镓始终是液体。液体温度范围如此之大，在易熔金属中是首屈一指的。

铟、镓"兄弟"相貌和性格十分相似。

银白色的铟略带蓝色，闪闪发光，很像白金。铟的密度比镓要大，熔点也高得多，但也只有 150 多℃。铟比铅软，用指甲能够刻痕，可塑性很大，延展性很好，可以压制成极薄的铟片。

铊也是一种稍带天蓝的银白色软金属。虽然它的密度比镓大一倍，熔点高得多，但是它在空气中很容易氧化，生成一层灰绿色的氧化铊薄膜。

延伸阅读

水晶的传说

古往今来，世界上最纯净的东西莫过于水晶。它常被人们比做贞洁少女的泪珠，夏夜天穹的繁星，圣人智慧的结晶，大地万物的精华。人们还给珍奇的水晶赋予许多美丽的神话事故，把象征、希望和一个个不解之谜寄托于它。

有关东海水晶的来历，民间广泛流传两个故事。

一种传说，这里的水晶是由一匹神龙马带来的。

据说早先东海白马山脚下有个种瓜老汉，摆弄了一辈子西瓜。这年春旱，白马山都干裂了缝。瓜老汉种了5亩西瓜，每天拼死拼活担水浇灌才保住了一个西瓜。西瓜越长越大，不觉竟有笆斗大。

这天晌午，邻村财主"烂膏药"走得口渴，非要买这个瓜解渴。老汉正迟疑，这时忽然从瓜肚子里传来一匹马的哀求声："瓜爷爷，我本来是天上的白龙马，因为送唐僧去西天取经，被天帝派这里做白马山的神马，你快救救我。"瓜老汉觉得奇怪，问："你怎么钻到瓜肚子里了?"神马说："天太热，我渴极了钻到这瓜里喝瓜汁，撑得出不来了。""我怎么救你呢?"瓜老汉急得直搓手。神马说："这瓜你千万不可卖给那坏蛋，他若进贡皇上，白马山就没宝啦!你趁早把西瓜打开，放我出去。"

正说间，烂膏药使唤家丁前来抢西瓜，说时迟那时快，瓜老汉挥刀朝西瓜劈下，就听"轰隆"一声，一道金光从瓜里射出来，照亮了半边天空。整个白马山放光闪烁。再看，跟着金光奔出来的那匹神马拉个晶镏子，晶明透亮，把人的眼睛都照花了。神马见了老汉，跪倒就磕头："瓜爷爷，你这地里有晶豆子，收吧!"

烂膏药瞧见了神马，大喜过望，忙使唤家丁："猪怕赶，马怕圈，快围住它!逮住神马，得晶镏子，收晶豆子!"

一伙家丁团团将神马围住，神马东奔西突，晶镏子拉到哪里，哪里晶光闪烁。神马左冲右闯也出不了重围，瓜老汉急了，用西瓜刀背照准神马屁股"咚"地捆了一下，喊声："还不快点走!"只听"咳儿……"的一声吼，神马负痛蹿将起来，一下子将烂膏药撞个七窍流血，神马腾空朝白马山奔去，只见白马山金光一炸，神马一头钻进山肚里去了。

家丁们哭丧着脸，收拾烂膏药尸首拉了回去。瓜老汉再定神细看，满地上点点火亮蹦跳，他找来铁锹一挖，挖出些亮晶晶、水灵灵的石头，原来竟是些值钱的水晶石。

水晶与神马，东海民间还有一种说法：相传天上一匹天马偷下凡间，偷吃瓜农的西瓜，被瓜园的主人发现，一路追赶，从西南到东北，天马一边奔跑，一边撒尿，清纯的马尿浸到哪块地里，哪块地里就长出了水晶。

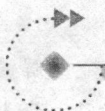

化学材料奇观

自古以来陶瓷都是中国的一大特产，在一般人眼里，传统的陶瓷只是限于欣赏与收藏，实际利用的极少，可是随着科技的进步，现代化的陶瓷被人们充分地利用起来，创造了一个又一个的奇迹，而这些功能是怎么实现的呢？

我们日常生活中的食品袋、包装袋等，大部分是用聚乙烯塑料制成的。那么塑料是怎样形成的？"不粘锅"又是怎么回事呢？

还有，人类居住的房子材料由砖木石瓦变成了如今高楼林立的水泥钢筋，这些转变经历了哪些坎坷？

这些化学材料创造了一次又一次历史性的奇迹，它是人类文明的重要标志，是社会进步的物质基础。

古老又年轻的陶瓷

陶瓷是最古老的硅酸盐材料。精致的中国陶瓷制品，至今仍然吸引着世界各地的客商。随着科学技术的发展，具有特殊优异性能的现代陶瓷材料也飞速地发展起来，并且具有非常广泛的应用，被人们誉为永不凋谢的材料之花。

一天，美国新材料研究中心来了一个神秘的客人，他是美国核试验基地的空军驾驶员。他带来了新的研究课题。原来，在核战争或核试验中，一颗爆炸能力跟 2 万吨 TNT 炸药相当的原子弹，爆炸时所产生 70 亿千卡的辐射光能要在 3 秒钟里全部释放出来，即使离爆炸中心比较远的人，眼睛也会被核闪光灼伤。空军驾驶员等到发现核闪光再戴防护眼镜就来不及了。如何解决这个问题呢？以前科研人员为他们设计了

陶瓷艺术品

一种防核护目头盔，但控制护目镜的是一台高压电源，飞行员得背上几十千克重的用硅钢片做成的变压器，既笨重又麻烦。因此，他们向新材料研究中心提出了研究新的护目镜材料的要求。研究中心接到这一课题后，立即组织力量进行攻关。他们选择了许多材料进行了实验，最终选择到的理想材料是陶瓷。不过它不是普通的日用陶瓷，而是一种经过特殊的"极化"处理的陶瓷，它在机械力、光能的作用下，能把它们转变成电能。在电场作用下，又能把电能转变为机械能。这种特殊的功能叫做"压电效应"，具有这种压电效应的陶瓷叫压电陶瓷。

核试验员带上用透明压电陶瓷做成的特殊护目镜，带来了很大的方便。原子弹爆炸，当核闪光强度达到危险程度时，由于光的作用护目镜的控制装置马上就把它转变成瞬时高电压，防护镜自动地迅速变暗，在 1‰ 秒钟里，能把光强度减弱到只有 1/10 000，险情过后，它还能自动复原，不影响驾驶员的视力。这种压电陶瓷护目镜结构简单，重不过几十克，只有火柴盒那么大，安装在防核护目头盔上携带十分方便。

压电陶瓷在军事上的应用十分广泛。第一次世界大战中，英军发明了一种新的战争武器全部是铁装甲的战车——坦克，它首先在法国索姆河的

战斗中使用，重创了德军。坦克曾经在多次战争中大显身手。然而，到了六七十年代，由于反坦克武器的发明，坦克失去了昔日的辉煌。反坦克炮发射出的炮弹一接触坦克，就会马上爆炸。这是因为炮弹头上装有一种引爆装置，它就是用压电陶瓷制成的。当引爆装置跟坦克相碰时，引爆装置马上把因此产生强大的机械力转变成瞬间高电压，爆发火花，引爆雷管而使炮弹发生爆炸。

当我们留心时，会发现很多领域利用了有关压电陶瓷的这种优良性质。在儿童玩具展览会的一个展台旁，只听得一只小黄狗在汪汪叫，而在旁的一只小花猫却发出"喵喵"之声，孩子们被这些能发声的电子玩具吸引住了，他们在思索，为什么这些玩具能发出和真的动物一模一样的叫声。这时讲解员叔叔开了腔，他说这是因为玩具设计师在这些小动物的肚子里装上了一只用压电陶瓷做成的特殊元件——蜂鸣器，因为它能发出像蜜蜂那样的嗡嗡的声音。当然后来经过设计师的努力，使这种陶瓷元件还能发出其他各种各样的声音。

蜂鸣器的制造十分简单，先把陶瓷素坯轧成像纸一样的薄片，烧成后在它的两面装上电极，然后极化，这时陶瓷就具有压电性了。然后再把它与金属片粘合在一起，就做成了一个蜂鸣器。当它的电极通电时，由于压电陶瓷的压电效应就产生振动，而发出人耳可以听得到的声音，只要通过电子线路的控制，就可产生不同频率的振动，而发出各种不同的声音，甚至还能发出变化的声音。

蜂鸣器

正是由于它的发声本领变化多端，再加上它与通常的音响器相比，还具有不少优点，所以它的应用是十分广泛的。除了上面提到的电子动物，在日常生活中人们也离不开它。例如电子手表里装上一片薄薄的蜂鸣器，它就能发出嘟嘟的声音给你报时；电子计算器里装上了它，它就能按照预定的要求，发出嗡嗡之音提醒你。另外，它也能发出很响的警报声，因此可以装在消防车、救护车或其他仪器设备上，或装在金库、机要保密室里作为防盗报警器用。由于它体积很小，还可以与电子鼻组合起来做成瓦斯报警器，放在煤矿工人的口袋里，当矿井里瓦斯过量时，灵敏的电子鼻首先觉察，马上递给它一个信号，它便立刻"大喊大叫"起来。

新型陶瓷的种类有很多。如具有气敏、热、电、磁、声、光等功能互相转换特性的各种"功能陶瓷"；用于人或动物肌体，具有特殊生理功能的"生物陶瓷"等等。下面再介绍一种十分有趣的陶瓷——"啤酒陶瓷"。

说起"啤酒陶瓷"的出世，还有一个非常有趣的故事呢。

美国的化学家哈纳·克劳斯在研究一种用于宇航容器的材料配方时，无意中错把身旁的一杯啤酒当做蒸馏水倒入一个盛有石膏粉、黏土以及几种其他化学药品的烧杯中。然而，正是由于这个"无意之中"的举动导致了啤酒陶瓷的问世。这一杯啤酒一倒入烧杯中，就出现了意想不到的奇特现象，烧杯中的那些混合物立即产生了很多泡沫，体积突然膨胀了约两倍，不到30秒就变成了硬块。这使克劳斯大吃一惊，他在回忆当时的情况时说："这一过程如此之快，以至我都想不起来我到底做了些什么"。这次偶然制成的啤酒陶瓷居然是一种具有很多优良特性的泡沫陶瓷，这是谁也没有料到的。这种后来被人称做"啤酒石"的陶瓷具有釉光、重量轻、无毒、防火性能好等特点。由于啤酒石形成时固化速度快，并有那么多优良特性，它将在增强运载工具的绝热性能、安全储存核废物、包装业、汽车制造业、农业等方面具有很高的应用价值和商业价值。

为使啤酒石的特性及应用得到充分发挥，克劳斯还采用石膏、石灰珠层岩、硫酸盐等与啤酒进行了一系列实验。实验中发现改变原料的配比，制出的啤酒石有不同的特性。另一种配比制成的啤酒石，在同样体积下，重量只有水泥的1/5。还有一种配比的啤酒石能承受激光产生的2 316℃高温达一个多小时之久。还有一种啤酒石，不必进行又费钱、费事的上釉及烧釉工序，只须用喷灯处理20分钟，容器的表面便釉光锃亮了。

一些专家认为，啤酒石最重要的用途之一是储存核废料。大家知道，核废物如储存不当，会对环境造成非常大的核污染。当前处理核废物较大的问题是容器，传统的方法是用防锈、不漏气的钢鼓储存，容器的内壁常用一种塑料作为防护套。但是，一旦黏结剂失效，就会发生泄漏。可想而知，这种方法和使用的材料都是不可靠的。由于啤酒陶瓷具有自行上釉的特性，所以可将其喷在新钢鼓的内表面，或旧钢鼓的外表面，形成啤酒陶瓷釉，成为一个不破裂、不泄漏的防护套，这样就可安全地储存核废物了。

当然，啤酒陶瓷目前还处于研究和开发阶段。克劳斯预见到从防火房到发动机中的某些金属部件，都将出现啤酒陶瓷的身影。如果找找它的缺点，克劳斯仅想出一条，他幽默地说："在它生产出来的头 3 个星期里，闻起来有点啤酒味。"

📌 知识点

功能陶瓷

功能陶瓷是一类颇具灵性的材料，它们或能感知光线，或能区分气味，或能储存信息……因此，说它们多才多能一点儿都不过分。它们在电、磁、声、光、热等方面具备的许多优异性能令其他材料难以企及，有的功能陶瓷材料还是一材多能呢！而这些性质的实现往往取决于其内部的电子状态或原子核结构，又称电子陶瓷。

超导陶瓷材料就是功能陶瓷的杰出代表。1987 年美国科学家发现钇钡铜氧陶瓷在 98K 时具有超导性能，为超导材料的实用化开辟了道路，成为人类超导研究历程的重要里程碑。电容器陶瓷能储存大量的电能，目前全世界每年生产的陶瓷电容器达百亿支，在计算机中完成记忆功能。而敏感陶瓷的电性能随湿、热、光、力等外界条件的变化而产生敏感效应：热敏陶瓷可感知微小的湿度变化，用于测温、控温；气敏陶瓷制成的气敏元件能对易燃、易爆、有毒、有害气体进行监测、控制、报警和空气调节；而用光敏陶瓷制成的电阻器可用做光电控制，进行自动送料、自动曝光和自动记数。磁性陶瓷是部分重要的信息记录材料。

瓷器之都

景德镇是江西省重要的工业城市，历史上以陶瓷生产为主，这里生产的瓷器非常有名，称为"景德瓷"，现今一般称为景德镇瓷器，它对世人影响极大。

景德镇整座城市"瓷味"十足，就连城市街道两侧粗大的路灯杆都用陶瓷做成。景德镇瓷器非常精美，富有"白如玉，薄如纸，声如磬，明如镜"的美誉。曾任中华人民共和国高级官员的郭沫若曾诗谓景德镇"中华向号瓷之国，瓷业高峰是此都"、"贵逾珍宝明逾镜，画比荆关字比苏"，以此赞叹景德镇陶瓷的辉煌历史和高超的制瓷技艺；他的另一首诗则赞颂了景德镇陶瓷产业的巨大成就，诗曰"年进美金七千万，数逾赤县十番强"。

中国的另一著名文人田汉也有诗句将景德镇称为瓷都，诗曰"禹鼎凌烟笔意殊，曾家绝艺蜚瓷都"。在现今景德镇休闲广场的西侧立有多尊早期景德镇制瓷工人进行瓷器生产的铜雕，出高速公路进入景德镇市区迎宾大道的两侧竖有高大的瓷器灯柱，一直延伸到市区的主要街道，在市区重要交通路口也竖有巨大的景德镇制瓷的窑火和古代窑炉的形象雕塑，置身其中，"瓷都味道"可见一斑。

景德镇现有以莲社南路和中国陶瓷城为中心的陶瓷集散地，其中以莲社南路的瓷器街最为著名，海内外的影响也较大。瓷器街是景德镇最著名的陶瓷一条街，在这条街上有景德镇陶瓷馆、景德镇金昌利瓷贸大厦、景德镇文物商店（陶瓷文物）、景德镇陶瓷大世界。瓷器街的南段包括休闲广场的南侧，则是星罗棋布的个体陶瓷经营户及陶瓷作坊。

聚四氟乙烯——塑料之王

近几年来，塑料已在国防、航空、建筑、医疗卫生等行业中大显身手，

20世纪末全世界塑料产量已达5亿吨。美国已用塑料建成一座全密封式的体育场；将来还要用巨大充气塑料气球做贸易中心；甚至出现全部用塑料包起来的城市，在这样的城市里，没有酷暑严寒，四季温暖如春。聚四氟乙烯诞生后，很快就荣获了"塑料之王"的美称。一条在锅里已煎得黄澄澄的鱼，鱼皮却一点儿也没有破，这种奇特的锅，就是涂了一层"塑料王"的不粘锅。此外，"塑料王"也能制成刀片，还可以代替人体的骨骼、韧带，甚至还可以用来修补心脏瓣膜……在现代生活中，"塑料王"，这种合成塑料的用途，真是极其广泛，举不胜举。

聚四氟乙烯还能在 -269℃ ~300℃ 下长期使用，在 -260℃ 液氢中，它的韧性仍然很大，因此可做成输送管道的垫圈和软管，也可做宇宙飞行登月服的防火涂料。聚四氟乙烯还有一个最奇特的性质，就是摩擦系数很小，被誉为"世界上最滑的材料"。其光滑的程度达到不可思议的地步。比如，用这种塑料制成丝，再织成布，如果桌面上放这样一块布，只要有很小的一角布由桌的一边垂下来，尽管面不太光滑，但这块布却会慢慢由那里滑落地上。这是由于布与桌面的摩擦力极小，桌旁垂下的一小角布的重量虽小，也可以把整块布垂下。通常用管道只可以输送液体或气体，尤其是管道向下斜度不大时，更是如此，若是用管道输送粒状固体，若向下倾斜不够大，就会堵塞，这主要是因为管道内壁粗糙，与颗粒摩擦之故。如果在管道内壁衬上一层用聚四氟乙烯塑料制的膜，由于它很滑，即可以运送固体。近年来，有的滑雪者在滑雪板的底部粘上一层聚四氟乙烯塑料，在雪地上既滑得快，又省力气，真是一举两得。

市面上有一种新的所谓不粘底的锅，就是用一层聚四氟乙烯薄层贴在金属锅的内表面，由于这种塑料很耐高温，而且很光滑，故用这种锅煎食物时，即使不放油，食物也不会粘锅底。假如用聚四氟乙烯塑料制轴承及轴，那么轴与轴承间摩擦就很少很少，可省去加润滑油。为什么聚四氟乙烯有如此好的优良性能呢？我们知道乙烯中所有的氢原子被氟原子所取代，就会得到四氟乙烯。氟在化合物中的性能与氢大不一样。一旦它跟另外一个原子结合，如在此处与碳结合，则变很稳定，决不会从另外一个原子中寻找任一个电子来结合。它们围绕碳原子，完全保护碳原子，即是最强烈的化学能，也不会使它们松动。为此，聚四氟乙烯比任何天然的或人造的

树脂都稳定，都具有更高的惰性。聚四氟乙烯的原子键合得很牢固，所以几乎不可能把它们分开，不会与其他物质的原子相结合到一块。因为这个原因，所以聚四氟乙烯不会燃烧，不会受腐蚀，也不会被它所接触到的物质所损坏。

它是怎样诞生的呢？

1938 年的一天上午，在美国杜邦公司杰克逊化学实验室里，化学家普鲁因凯特和他的助手雷博克正在用四氟乙烯液体做实验。普鲁因凯特将一只盛有四氟乙烯液体的小钢瓶，小心翼翼地从布满干冰的冷藏室中取出来，然后放在磅秤上，助手打开了阀门，在室温下，沸点很低的四氟乙烯液体立即变成气体，争先恐后地沿着管道跑到另一个反应器中。实验才刚开始一会儿，不知为什么，从钢瓶里逸出的气流就停止了。雷博克指着磅秤上显示的重量，不解地问："钢瓶里怎么还会有相当多的四氟乙烯液体没有蒸发？""可能是阀门孔道堵塞了。"思维敏捷的普鲁因凯特边说边用一根细铁丝去疏通阀门孔道。然而，磅秤上的指针依然未动。

咦，这究竟是什么原因呢？好奇的普鲁因凯特摇了几下钢瓶，仿佛觉得里面有些固体也在晃动。看来四氟乙烯自身一定发生了反应，化学家有一种灵感。"雷博克，快拿一把十字镐来。"化学家果断地说。钢瓶的阀门被十字镐凿了下来，果真里面抖落出了一些白色的固体！"啊，一种新的物质在钢瓶里诞生了！"普鲁因凯特激动地拉着助手的手说。

为了充分利用聚四氟乙烯的这些优良性能，世界上一些先进的国家都加强了氟聚合协合镀层的研究。所谓氟聚合物协合镀层，即是将金属表面处理和注入氟聚合粒子两种方法相结合，可赋予基底金属以防腐蚀、自润滑和其他宝贵性能。美国奈特工业公司采用聚四氟乙烯注入硬膜层阳极氧化镀层，将聚四氟乙烯和氧化铝结合起来形成覆盖铝和铝合金的镀层，得到的是一个自固化、自润滑的表面，其性能优于普通硬膜阳极氧化镀层。它们还把此种铝的构件用于美国陆军用的夜视镜，提高了目镜、旋钮、托架等零件的耐磨性。现在已研究成功的不仅有铝的协合镀层，还有铁、铁合金、铜、镍等协合镀层。这项新技术将会发挥越来越大的作用。

知识点

塑料的用途

塑料的原始目标是用做电绝缘物，自从发现电木以来，屡经改良，塑胶大有助于超高压的发展和薄膜电子零件的进步。

(1) 电器绝缘（例如导线的绝缘层，或电子零件的外壳）；

(2) 机械材料（因为具有比金属轻与防锈蚀的特性）；

(3) 建筑材料与家具材质；

(4) 包装材料（例如：塑料袋）；

(5) 人造纤维（例如：尼龙）。

延伸阅读

宇航服的分类与功能

宇航服是保护宇航员在太空不受低温、射线等的侵害并提供人类生存所需的氧气的保护服。美国的宇航服价值每件大约在 100 万美元。

宇航服一般分两种：舱内宇航服和舱外宇航服。

舱内宇航服是宇航员在载人航天器座舱内使用的，一般是在发射时和返回地球时穿用，一旦座舱发生气体泄漏和气压突然变低时，舱内宇航服迅速充气，起保护宇航员的作用。

舱外宇航服是宇航员出舱活动，进行太空漫步时使用。舱外宇航服的结构非常复杂，它具有加压、充气、防御宇宙射线和微陨星袭击的作用，它里面有有通信系统，还有生命保障系统。现在广泛使用的舱外宇航服有美国的 EMU 宇航服和俄罗斯的海鹰宇航服两种。

宇航服的表层有阻隔辐射的功用。太空人的体温则由一套贴身内衣调节，这件内衣布满水管，水泵不断使水循环，把太空人身体所发出的

热量带走，而水则由升华器所冷却。宇航服最后一个重要功用，是为太空人提供所需的气压（约等于半个标准大气压力 52kPa）；如果气压过低，人体血液及身体组织内的气体会离开，令太空人患上类似潜水员常有的潜水病（在真空的情况下，太空人更会由于血液瞬间"沸腾"而死亡）。

宇航服可以：

保持宇航员体温；

保持压力平衡（使太空人承受的压力与在地球上的相似）；

阻挡强而有害的辐射（如来自太阳的辐射）；

处理宇航员的排泄物；

及提供氧及抽去二氧化碳。

五朵塑料金花

在繁花似锦的塑料大花园里，功能塑料格外绚丽多彩。其中，工程塑料、导电塑料、磁性塑料、生物塑料和形状记忆塑料备受人们的青睐，被称为五朵塑料金花。工程塑料是指机械强度比较高，可以替代金属用做工程材料的一类塑料。这种塑料除高强度外，还上有良好的耐腐蚀性、耐磨性、自润滑性以及制品尺寸的稳定性等优点。聚苯硫醚就是一种新型工程塑料。它具有很高的热稳定性，可以在 370℃ 时进行加工处理。它还具有很强的耐化学腐蚀性，在 170℃ 以下目前尚未发现可溶解它的溶剂。因此，它是一种大有发展前途的耐热防腐材料。聚碳酸酯是一种透明的热塑性工程塑料。它的抗冲击韧性大大优于玻璃，透明度跟有机玻璃差不多，所以大量用于制造超音速飞机的座舱盖和电子工业中各种各样的电容器。用它所制成的电容器晶莹透明，美观耐用，电性能优良。

众所周知，塑料一般对电是绝缘的。因此，在电器工业中广泛用塑料做电的绝缘材料。然而，也能让塑料导电。从已问世的导电塑料来看，一般分为结构型和复合型两大类。所谓结构型导电高分子，即高分子本身通过离子或电子导电，如聚乙炔等。目前已开发的导电塑料主要是复合型的。它以聚合物高分子为基础，与各种导电质（金属、炭黑、石墨等）进行复合而制得。如在聚丙烯中，加入导电性填料（如炭黑）、抗氧化剂、润滑剂，经混炼、成型，再加工处理就得到导电聚丙烯塑料。导电塑料主要用于制造塑料电池、轻质电线电缆、导电薄膜和导电黏结剂等，还可代替部分金属用于微电子工业。让磁粉与塑料"结亲"，就可复合而成磁性塑料。这种塑料不仅带有磁性，且密度小，成型后收缩率小，既可制成薄膜，又能塑造成复杂的形状，在通讯、电脑等高技术领域里大有用武之地。用人造材料来再造人体的组织和器官，是几百年来人类梦寐以求的愿望。

聚丙烯树脂

现已有不少生物高分子材料应用于临床，从输血管、导尿管到人工肾、人工肝、人工肺、人工骨头、人造血管等都可用某些生物大分子材料制作，它们挽救了千百万人的生命。心脏起搏器是用高分子材料聚乙烯吡啶、碘复合物做阴极，锂做阳极制成的。心脏跳动次数低于30～40次/分有生命危险时，埋入病人胸部的起搏器产生的脉冲可使心脏跳动次数增加到70～80次/分，使病人转危为安。这种起搏器一般可使用10年。高分子材料聚丙烯薄膜具有渗析血液里二氧化碳的功能，可用它设计制造人工肺。在日本利用这种人工肺已使40多名丧失肺功能的病人获得了新生。功能塑料的佼佼者要数形状记忆塑料了。它具有与形状记忆合金相仿的恢复原来形状的功能，而且能承受更剧烈的变形。另外，这种塑料成本低，加工方便。用形状记忆塑料做成的餐具受挤压发生形变时，只要浸泡在热水中便可恢复原来的面目。总之，功能塑料是当今塑料工业发展的一个主要方向，这类正在崛起的新材料将代替单纯的塑料，用于各行各业，走进千家万户。

知识点

炭黑的属性与用途

炭黑是一种黑色粉末状的无定形碳。

炭黑是由平均直径为 2~3 纳米的球状或链状粒子聚积而成的，内部是含有直径 3~500 纳米的微结晶结构，可以和各种游离基反应。炭黑的密度为 1.8~1.9，颗粒状炭黑的堆密度为 0.35~0.4，粉末状炭黑的堆密度为 0.04~0.08。

烃在 800℃ 以上的高温下，用数毫秒的时间进行碳化，就得到了炭黑。以天然气和石油馏分为原料，在炉中进行部分燃烧，得到炉炭黑。另外根据原料和制法的不同有槽法、乙炔法、热裂解法、灯法等，其用途也不相同。

炭黑主要作为橡胶增强剂使用，用于汽车轮胎的制造。其他还用做颜料（油墨、塑料、涂料用），干电池用导电剂、催化剂载体、超硬质合金材料。全球炭黑约有 70% 用于轮胎的制造，20% 用在其他橡胶，其余不到 10% 则用于塑料添加剂、染料、印刷油墨等工业。

延伸阅读

人类第一台起搏器

美国纽约贝斯－大卫医院胸科医生 Hyman，在穿刺心脏给药过程中屡次发现，当针尖刺激右心房时可使心房肌除极而收缩，经过多年的探索和研究，Hyman 在 1932 年设计制作了一台由发条驱动的电脉冲发生器，该装置净重达 7.2 千克，脉冲频率可调节为 30、60、120 次／分，Hyman 将之称为人工心脏起搏器 "artificial；cardiac pacemaker"，这一术语一直沿用至今。这台发条式脉冲发生器成为人类第一台人工心脏起搏器。

实验中，他用针穿刺兔的右心室对心室进行电刺激，使已停搏15分钟的心脏复跳，恢复正常的心脏跳动。不久，Hyman 应用一根双极穿刺针，穿过肋间插到心脏进行起搏，为1例心脏停搏的病人应用了这一技术。人们也将这台发条驱动的脉冲发生器称为"Hymanator"。

Hymanator 原保存在德国 Siemens 公司，可惜在第二次世界大战中被战火毁灭，只留下一张照片。但是，Hyman 的这一创举足以证明，对心脏一些部位进行电刺激可使心肌有效地除极，并扩展到整个心脏，从此奠定了心脏起搏理论与实践基础。

第二次世界大战后，心脏起搏技术的临床价值逐渐显示出来。1951年，加拿大医生 Callaghan 用心导管成功地进行了体外右心房起搏，1952年，他又用胸壁电极板进行了经胸壁心脏起搏，成功地救治了一名心脏骤停的病人。

几百年、几代人的努力终于使人工心脏起搏技术逐渐形成并最后确立。

"小儿尿不湿"背后的秘密

市场上出现"小儿尿不湿"后，人们都感到很惊奇，不知它是一种什么材料做成的，竟有如此好的吸水魔力。我们知道，通常使用的干燥剂很多，如生石灰、无水氯化钙、浓硫酸等，但它们的吸水能力都比较低。最近几年来，研制出一种高吸水材料，它可以在几分钟内吸收相当于自身重量几百倍乃至上千倍的水，也可吸收相当自身重量几十倍的电解质水溶液、尿、血液等，而且当受到外界压力时，也不会失去吸收的水。这种神奇的材料叫高分子吸水剂。最早它是用淀粉经过化学处理以后制成的。高分子吸水材料选用的是不溶于水的支链淀粉，经过化学加工后，使其分子链盘结成固状结构。因为淀粉分子是由许多葡萄糖分子键合起来的，而葡萄糖分子有多个亲水基团，因此当这种高分子吸水材料遇到水时，分子链内部的亲水基团对水有特殊的亲合作用，水分子就一个个地往里钻。淀粉的分子链迅速伸长、舒张，把水分子包围固定在里面，形成网状结构。正像用网兜装苹果那样，表面看网兜不大，可打开后能装很多苹果。这种吸水材

料可吸水达自身重量的几百倍至 1 000 倍。高吸水材料，也可用人工合成方法制得，主要是聚丙酸盐类、聚乙烯醇类和聚环氧乙烷类等。这类树脂之所以具有大量吸水本领，主要是它们有三度空间网状结构，并且和淀粉一样具有众多的亲水基团。

当它们遇到水后，高分子网状结构膨润、张展，渗透进入的水分子便可以与众多的亲水基相结合。因此研究设计合成具有亲水能力的基，以及增大网状结构孔径，增长交联链的长度，是提高树脂吸水速度和吸水能力的重要途径。这些高分子吸水材料已在农业、林业、医药卫生等方面得到了广泛应用。例如，用它制成"吸水土"，在春旱或干旱地区拌种下地，可以保证种子出苗与生长。过去，我国黄土高原上植树很困难，现在在树苗根部放入一些吸足水的高分子材料，就如同为其建造了一座小水库。现在，市场上卖的高吸水尿布和妇女用的卫生巾，就是用这类吸水材料和无纺布混合制成的，一块婴儿尿布可反复使用。在医疗卫生方面可做人工玻璃体、缓释药物的载体、以及人工脏器材料等。若用它调制成皮肤用的药膏，搽在患处，则无油腻感，保持湿润，可延长药效。世界上不仅出现了吸水大王，而且也出现了吸油大王。该吸油大王，即人造吸油"海绵"。

据统计，全世界石油总产量中约有 1‰ 流入海洋，平均每百平方米海面有 1 克石油渗入。如何消除石油对海洋的污染，一直是科学工作者研究的重要课题。最近，日本触媒化学工业公司首创了高吸油性"海绵"，它可以吸附达自重 25 倍的各种油。该公司借鉴高吸水性树脂的技术诀巧，以丙烯类树脂作为吸油的原料，在制造工艺上着重于分子设计，供其在单体复合时，依靠分子间的张力将油吸附。它吸油量大，在油与水共存时，能有选择性地吸油。当发生原油泄漏时，只需根据原油泄漏量投入相应量的吸油"海绵"即可。吸足油的"海绵"以 0.9 左右的密度浮于水面，回收处理极为方便。"雷公打豆腐，一物降一物"。人类可以利用掌握的化学知识和技术，设计制造出许多具有奇特功能的材料，以满足人类生产生活的需要。

知识点

干燥剂的分类

干燥剂指能除去潮湿物质中水分的物质。常分为两类：

1. 化学干燥剂，如硫酸钙、氯化钙等，通过与水结合生成水合物进行干燥。主要有：（1）酸性干燥剂：浓硫酸、五氧化二磷，用于干燥酸性或中性气体，其中浓硫酸不能干燥硫化氢、溴化氢、碘化氢等强还原性的酸性气体；（2）中性干燥剂：无水硫酸铜、氯化钙，一般气体都能干燥，但氯化钙不能干燥氨气；（3）碱性干燥剂：碱石灰、生石灰、NaOH 固体，用于干燥中性或碱性气体。

2. 物理干燥剂，如硅胶、活性氧化铝等，通过物理吸附水进行干燥。适用于防止仪器、仪表、电器设备、药品、食品、纺织品及其他各种包装物品受潮，在海运途中干燥剂也有广泛的应用。主要有：（1）干燥剂用于瓶装药品、食品的防潮。保证内容物品的干燥，防止各种杂霉菌的生长。（2）干燥剂可作为一般包装干燥剂使用，用于防潮。（3）干燥剂可方便地置于各类物品（如仪器仪表、电子产品、皮革、鞋、服装、食品、药品和家用电器等）包装内，以防止物品受潮霉变或锈蚀。

延伸阅读

纸尿裤的发明

在人类诞生之初，就有使用"尿裤"的概念了，但那时的尿裤和现在的纸尿裤完全不同。那个时候用某种植物叶子、动物皮或是叠好的野草和苔藓，可能三四天才能换上一次。

在寒冷的地方，婴儿经常被包裹在毛毯里，而这些毛毯就是最初的

"尿裤"。而在一些热带地区，人们则很少使用"尿裤"。妈妈们会预测宝宝们的排泄时间，然后把宝宝抱到外面去方便，避免弄脏住处。

直到19世纪中叶，随着工业化的进程，制造出大量价格便宜的棉纺布，于是，最初的尿布诞生了。长方形或者正方形的尿布被折叠或系在婴儿的内衣或者内衣外面，用于兜住大小便。而聪明的妈妈会往尿布里面添加一些物质，比如天然的吸水物质苔藓和泥炭！

现在看到的一次性纸尿裤的雏形，出现在1930～1950年的欧洲和北美。它的诞生和第二次世界大战息息相关。为了解决二战期间棉花紧缺的问题，德国人发明了一种利用木浆制作而成的纤维绵纸，这种绵纸质地非常柔软，又有很强的吸水性。后来瑞典的一家公司继续研发，把这种绵纸剪裁成特殊的形状，一张张折叠包装在纱布或网状针织物中，再放在婴儿的内裤中使用。这种新型的抛弃型尿裤很快就在各大医院、商店开始销售，但是成本很高，当所以价格非常昂贵。

后来一位美国妈妈认为这种一次性尿裤不能解决尿液渗透的问题，于是她想到在尿布或一次性尿裤下面加上一个防水层，并申请了专利。

经过多年的潜心研发，1968年金佰利公司推出的一次性纸尿裤立刻脱颖而出，产品众多创新之处甚至成为了行业标准。

从发现橡胶到合成橡胶

世界上荣获"弹性之王"称号的物质是什么？是橡胶。

橡胶可以拉伸到原来长度的7~8倍，外力一消失，它又迅速地恢复到原来的状态。你想想看，其他一切材料，钢铁、铝、铜、塑料……在弹性方面，又有哪一种能与之相比呢？橡胶不但具有优异的弹性，还具有绝缘性、不透气性、耐腐蚀性、抗磨损性等宝贵性能，因而它成了现代化建设不可缺少的材料。

翻开橡胶的历史，可以看到从人类发现橡胶到制成橡胶制品，从天然橡胶到合成橡胶，充满着人生的艰辛跋涉，倾注着许多化学工作者的智慧与汗水。

人类最早认识橡胶的是美洲最古老的居民——印第安人。1493 年，航海家哥伦布第二次航行到美洲的海地岛。他看到岛上印第安人的儿童，一面哼着歌曲，一面和着节奏欢乐地把一个黑色的球扔来扔去，这球落到地面后，竟然会弹跳到几乎与原来一样的高度。哥伦布大为惊讶，仔细地向印第安人打听，才知道世界上有一种弹性非常好的物质——橡胶。

相传大约在 500 多年前，墨西哥原始大森林的印第安人，发现一种树，只要碰破一点儿树皮，就会流出像牛奶一样的"泪水"。这泪水能形成薄膜，不漏水，有弹性，它就是我们现在所说的胶乳，会流泪的树就是橡胶树。胶乳其实是橡胶分散在水里的溶液，化学上称这种溶液叫"胶体溶液"。把这种胶体溶液加入少许醋酸，或用燃烧椰壳等植物时生成的烟进行熏烤，胶汁就会凝固成具有弹性的黄色固体物质。人们叫它"生橡胶"。生橡胶性能很差，受热发黏，遇冷变脆，因此它的使用范围大大受到限制。又一件偶然事件发生了，使橡胶的命运发生了很大改变，开辟了橡胶利用的广阔天地。

19 世纪中叶的一天，一个叫古德意的美国人在无意中将一块生橡胶和一小块硫磺弄进了火炉，他慌忙找来火钳将橡胶取出。然而，奇迹出现了，这团从火炉取出的橡胶变了！变得更加坚韧、更富有弹性，尤其令人兴奋的是，原来温度一高就变软发黏的生橡胶，从火炉中经高温后，却反而不黏了。这是橡胶史中一个划时代的发现，开创了橡胶硫化的新工艺，为橡胶的利用打开了大门。生橡胶是由聚异戊二烯线型大分子组成，它的性质因受温度影响而发生变化。温度高时变得十分黏稠，温度低时则又变硬脆。为了改进生胶的性能，获得需要的橡胶制品，可将生胶进行"硫化"，使橡胶分子链间发生交联，生成网状大分子。同时硫化过程中还加入一些填充剂（如炭黑、陶土等）和防老化剂等。硫化后的熟橡胶，在抗张强度和耐磨等机械性能上都有很大提高。橡胶在国防上具有特殊的用途，在工农业生产和日常生活中也少不了它。它的最大特点是具有出色的高弹性、电绝缘性、防水性和不透气性，因此它是一种宝贵的材料。一辆坦克需要 800 千克橡胶，一艘 3 万吨级的军舰就要用 68 吨橡胶。人类对橡胶的需要量越来越大，而橡胶的生长速度却远远不能满足人类的需要。在这种形势下，各国竞相发展合成橡胶。

在第一次世界大战期间，德国首先由乙炔合成甲基橡胶。以后美、俄、德等国在战后又研制了丁钠橡胶、丁苯橡胶、氯丁橡胶等。目前已生产的合成橡胶不下几十个品种，产量远远超过了天然橡胶。现在世界上已有30多个国家生产合成橡胶，年总产量达700多万吨。丁苯橡胶其耐磨性、耐老化及耐热性都比天然橡

橡胶制品

胶好，目前主要用于汽车轮胎和各种工业橡胶制品。人们按习惯将它们大体分作通用和特种两类。通用指在一般民用产品方面及轮胎制造上；特种当然就是指在高温、低温、酸碱腐蚀、辐射等特殊环境中使用的橡胶。

在日常生活中，你到处可以看到用橡胶制成的物品：汽车与飞机的轮胎、机器传动带、雨衣、雨鞋、潜水衣、电线绝缘外套等等，真是数不胜数。橡胶不但用途广，而且用量大。造一辆卡车需生胶250千克，造一架喷气式战斗机需生胶600千克，造一艘轮船需要生胶几十吨……

人们为了获得橡胶，大力开辟橡胶园，然而，大自然是吝啬的。每667平方米地只可种25～33株橡胶树，种植6年后开始产胶，可连续产胶25年。每年每667平方米可获生胶约50千克。可是，这些胶还不够制造一辆卡车用。橡胶树还不能四海为家，只生长在热带。人们经过上百年的努力，使全世界天然橡胶的年产量上升到300万吨，还是满足不了实际需要。

它是一种线型的高分子化合物，链间没有交联，具有弹性，分子量在8万到30万之间。

介绍几种身怀绝技的合成橡胶。

在近代，随着科技水平的提高，特别是航空、航天事业的迅速发展，对橡胶新品种的要求也更加迫切了，人们将无机元素硅引入到有机世界中，研制出最新颖的特种橡胶——硅橡胶。它既能耐低温、又能耐高温，在－65℃～250℃之间仍能保持弹性。所以它成了飞机和航天飞机等理想的密封材料。而且它的绝缘性能也十分优越，因此还广泛应用在高精密仪表元

件的制造中，人们称它是飞机和宇航工业中不可缺少的材料。如果在硅橡胶中加入乙炔炭黑做导电填料，便可制成一种叫做斑马胶的导电橡胶。斑马胶是电子手表和其他仪表的专用材料。用斑马胶联接电子手表的集成电路和液晶指示屏，既可防震，又可传导电讯信号，而且调换部件也方便。硅橡胶还常常被作成人造关节、人造软骨甚至人工心脏瓣膜而植入人体，使病人像更换机器零件一样将病残部位得到更换，从而恢复功能。同时它还在整容、美容上广泛用做空腔部位的填补，用它不仅病人痛苦少，而且费用也低，能收到很好的效果。另一种身怀绝技的合成橡胶是丁腈橡胶。它是用丁二烯和丙烯腈这两种有机材料聚合而成的。

它是橡胶家族中当之无愧的"耐油之冠"，对矿物油、植物油等油脂的抵抗能力极强。而且这种耐油能力还可随着它含丙烯腈这种成分的增加而提高。同时，在这里面再加一点儿别的材料后，还可使它具有被子弹穿射后射孔能自动封闭的特性，因而用它做油箱被子弹射中后，只能"穿"而不起洞，不会漏油。目前，这种橡胶材料被用来制造飞机和军用汽车的防弹油箱。还用它制造油封垫圈、输油管道、印刷胶辊、耐油胶靴等。橡胶制品现在已进入我们人类的各个生活领域，到处都有它的踪迹，如何使橡胶更好地为人类服务，如何使橡胶"听人的话"，这是未来橡胶的发展目的和方向。橡胶在未来的时代里，必将发挥出更大的魔力！

合成橡胶的原料可以从石油得到源源不断的供应，从此更是突飞猛进。合成橡胶的年产量已从无到有，年产量已达到600多万吨，远远超过了天然橡胶的产量。合成橡胶生产发展快，性能各有千秋，可胜任某些天然橡胶所不能担当的工作。这真是窥破天机制橡胶，青出于蓝胜于蓝。

知识点

天然橡胶的来源

最初的橡胶树生长于南美洲，但经过人工移植，现在东南亚也种

有大量的橡胶树。南美洲的橡胶树由于遭受霉菌造成的黄叶病肆虐，生产已大幅萎缩，昔日的橡胶重镇玛瑙斯曾因此于20世纪中叶萧条。事实上，亚洲已成为最重要的橡胶来源地，2005年时占世界出口量的94%，而其中又以泰国、印尼和马来西亚为大宗，占生胶生产量的约72%。

目前已知200种以上的植物种类可以作为提供天然橡胶的来源，但是由于产量割浆频率和植物寿命等等考量因此以三叶橡胶树提供最多的商用橡胶。它在受伤害（如茎部的树皮被割开）时会分泌出大量含有橡胶乳剂的树液。

另外，无花果树和一些大戟科的植物也能提供橡胶。分布于中美洲的桑科弹性卡斯桑木亦有橡胶可采，是哥伦布来到新大陆前中美洲蹴球运动中硬胶球的主要来源。德国在第二次世界大战时由于橡胶供应被切断，曾尝试从这些植物取得橡胶，但后来改为生产人造橡胶。前苏联在当时为了取得橡胶来源，则选择从橡胶草的根提炼。

延伸阅读

轮胎发明的故事

世界上第一辆自行车在1817年前后诞生时，外形粗劣，而且车架和轮子都是木头的，没有轮胎。骑着它十分费劲，还颠簸得十分厉害。人们讥讽这种自行车是"震骨器"。直到1887年，人们才开始在轮子上装轮胎，改变了自行车"震骨"的局面。但这是怎么发明的呢？

苏格兰有个名叫邓禄普的医生。他的儿子从自行车摔了下来，浑身是伤，邓禄普又气又无奈。对这种车子，邓禄普从不敢领教。

邓禄普有个喜欢养花种草的嗜好。一天，他用橡胶水管在花园里浇花。

水经过橡胶管，流入花畦。邓禄普的手感触到水胀鼓鼓的在流动。他下意识地握紧，松开，又握紧，又松开。橡胶管的弹性忽地使他心中一动："把这灌满水的橡胶管安到自行车轱轮上，这样便使自行车车轮有了弹性，不就可以减轻自行车行驶时的颠簸了吗？"

想到这里，邓禄普决定试试。他说干就干，放下浇花的水管，把儿子的自行车推到花园，拆下轮子，量好尺寸，配上橡胶管，灌足水。一遍又一遍地试验，终于把橡胶管装到了车上。完毕后立即把儿子喊来，说："你骑上试试，感觉如何"？

儿子觉得很新鲜，跨上车沿着花园小径骑行。一会儿，儿子兴奋地跳下车说："OK！棒极了！一不颠，二没有'吱吱'声，三很轻松"。

成功了！邓禄普用橡胶水管制成了世界上第一个轮胎。轮胎先是灌水，后来又用充气代替了灌水。

"邓禄普轮胎"一下子风靡全球，成了畅销产品。

▮▮▮ 胶水的神奇本领

黏合剂是一种能把各种材料紧密地粘合在一起的化学物质。"黏合剂"又被称做"黏结剂"、"胶黏剂"，有的干脆就简称为"胶水"。借助黏合剂来进行连接的技术就是黏结技术。

典型的黏合剂，它在形成连接接头前的某个阶段，一般应是液体，这样才能很容易地把它涂刷在被粘接零件表面，在一定的条件下（湿度、压力、时间等），它能凝固成坚硬的固体，同时，将被黏结的材料紧密结合成一个整体。

能满足这些条件的物质并不少，大自然里就有。至于人工合成的品种就更多了。现在，我们不妨来查一下黏合剂的"家谱"，看看它们到底有多少品种，相互间又有些什么关系。

黏合剂这个家族近几年来特别兴旺发达，不断有新的成员问世。这个家族里，比较老的一辈都是在大自然里生长的如松香、树胶，还有用动物的骨、皮熬制的牛皮胶、黄鱼胶等等。这些我们统称为天然高分子黏合剂。由于这些材料来源较少，往往受天然资源的限制，性能也不完善，所以目前已逐渐淘汰，而让位给新兴的一代——合成高分子黏合剂。合成高分子黏合剂的名堂很多，主要有合成树脂类型和合成橡胶类型的，前者如环氧树脂、酚醛树脂、脲醛树脂等，后者如丁腈橡胶、氯丁橡胶等。有意思的

是，这两个家族之间还很喜欢攀亲结眷，因此又出现了树脂—橡胶混合型的黏合剂。比如酚醛树脂和丁腈橡胶"结亲"生成了一般说的"酚醛－丁腈黏合剂"。这样一来，这个家族怎么能不兴旺呢？

不论是天然的高分子黏合剂，还是合成的高分子黏合剂，统称为有机黏合剂。因为它是在整个黏合剂家族里最主要和最常用的种类，所以平时就简称为"黏合剂"。

既然有"有机黏合剂"，肯定还有"无机黏合剂"。不错，无机黏合剂与有机黏合剂截然不同，属另一个族系。它们都是由无机物组成的，例如磷酸盐、硅酸盐等。由于分子组成及分子的结构不同，这类胶的性能与前者差异很大，它们特别能耐高温，比较硬、脆。

黏合剂具有各种各样的优良性能，如黏结强度大，耐水、耐热、耐腐蚀、密封性好、重量轻等，因此它的用途也是多方面的。

在航天工业中，每制造一架喷气式飞机至少要用 360 千克黏合剂，黏结面积在总结合面积的 60% 以上，可省去 20 万个铆钉。胶结制件，表面光滑平整，压力分布均匀，还可减轻重量。人造地球卫星和宇宙飞船中热屏蔽用的烧蚀材料便是用酚醛—环氧黏合剂来黏结的。

在交通运输方面，轮船的甲板和木料黏合，塑料和橡胶制品与钢板黏结，汽车刹车片等许多零件的黏结也都使用黏合剂。英国的工程师通过黏结钢板加固一座桥，竟使其负载能力由原来的 110 吨提高到 500 吨。

在医疗方面，牙科大夫用医用黏合剂修补牙齿，外科大夫用胶黏结血管、肌肉组织。用氰基丙烯酯黏合伤口，10 秒钟内即可粘牢。既不需要打麻药，又可免除病人缝合时的痛苦。

在机械制造工业中，无论是各种刀具、量具、夹具和模具的黏结，还是密封补漏、设备维修和废次品的修复，都要用到无机黏合剂。

知识点

酚醛树脂

酚醛树脂，是一种合成塑料，无色或黄褐色透明固体，因电气设备使用较多，也俗称电木。耐热性、耐燃性、耐水性和绝缘性优良，耐酸性较好，耐碱性差，机械和电气性能良好，易于切割，分为热固性塑料和热塑性塑料两类。合成时加入不同组分，可获得功能各异的改性酚醛树脂，具有不同的优良特性，如耐碱性、耐磨性、耐油性、耐腐蚀性等。

酚醛树脂是德国化学家阿道夫·冯·拜尔（1835－1917）于1872年首次合成。1907年，出生于比利时的美国化学家利奥·亨德里克·贝克兰（1863－1944）改进了酚醛树脂的生产技术，将树脂实用化、工业化。

延伸阅读

世界第一颗人造地球卫星

1957年10月4日，世界第一颗人造地球卫星高速穿过大气层进入了太空。它的发射成功，是人类迈向太空的第一步，这就是前苏联发射的"人造地球卫星"1号。

第一颗卫星的设计和制造，主要由前苏联著名的火箭和宇航设计师科罗廖夫领导的试验设计局完成。卫星由镀铬合金制成，重83.6千克，外表呈圆球形，直径58厘米，轨道远地点为986.96千米，近地点为230.09千米，每96分钟绕地球一周。卫星载有两部无线电发报机，通过安置在卫星表面的4个天线，发报机不断地把最简单的信号发射到地面。世界各地许多无线电爱好者当时都接收到了这一来自外空的信号。第一颗人造地球卫星在近地轨道上运行了92个昼夜，绕地球飞行1 400圈，总航程6 000万千米。

人造卫星是发射数量最多的一种航天器，占全部航天器的90%左右，在科学、军事和国民经济各个方面都获得了极其广泛的应用。以科学探测和研究为目的的有天文卫星、观测卫星、地球物理卫星、大气密度探测卫星和电离层卫星等；用于军事目的的有照相侦察、电子侦察、海洋监视、核爆炸探测、导弹预警、拦截等卫星；为国民经济服务的有通信、导航、气

象、测地和地球资源等卫星。

正是考虑到 1957 年 10 月 4 日发射的第一颗人造卫星开辟了人类探索外太空的道路，以及 1964 年 10 月 10 日外空条约生效，1999 年联合国第三次外空会议的与会国一致建议，将每年的 10 月 4 日至 10 日作为"世界空间周"。

建材上的一朵奇葩

在电子工业、建筑业乃至日常生活中，黏结剂的应用十分广泛，不胜枚举。所以我们可以毫不夸张地说——世界正在走向黏结组合时代。

18 世纪中叶，英国的工业迅速崛起，海上交通也格外繁忙起来。1774 年，工程师斯密顿奉命在英吉利海峡筑起一座灯塔，为过往船只导航引路。面对汹涌咆哮的海面，斯密顿难住了。按传统做法，在水下用石灰砂浆砌砖，灰浆一见水就成稀汤。用石头沉入海中，又被海浪冲击得杳无踪影。经过无数次的实验，他用石灰石、黏土砂子和铁渣等经过煅烧、粉碎并用水调和，放入水中。这种混和料在水中不但没有被冲稀，反而越来越牢固。这样，他终于在英吉利海峡筑起了第一个航标灯塔。

在斯密顿的成功启发下，英国建筑师亚斯普丁把黏土用石灰石混和加以煅烧后，磨成细粉，再用水进行调稀，制出了在地上干后不裂，在水中异常坚硬的材料。这种产品硬化后的颜色和强度同波特兰地方出产的石材相近，因而取名为"波特兰水泥"。亚斯普丁因此在 1824 年获得这项专利。"水泥"这个名称便由此沿用下来。

水泥具有水硬性，粉状水泥与水混合后，跟水发生作用，生成水泥浆，然后凝固硬化。为什么水泥在硬化过程中会逐步变得结实起来呢？在开始 1 小时内，水泥的颗粒被一层胶质所包裹着。这一层胶质由硅酸钙与水形成，这个过程叫做水合作用。正是由于胶层的联结，水泥颗粒才形成一个个较弱的键合网。水泥在 4 小时之后才能达到真正的硬化，这时就有大量的纤维从胶层中"生长"出来。它们最终生成极细且密的纤维，像豪猪或海胆的刺那样，从水泥的每一颗粒向外伸展。这些"刺"是水泥和水之间作用的产物，它是由内空的细管组成。随着纤维的变长，这些"刺"也逐渐联结在一起，从而增大了水泥的强度。

1861 年，法国工程师克瓦涅接受了造拦水大坝的任务。这种跨度大还须经得起压力和冲击力的大坝，光用水泥不能胜任了。

克瓦涅一门心思要攻克这一难题。他密切地注视着周围的一切。一天，他夫人为他烹制了一条美味的鱼，他边吃边思考着拦水大坝的事情。他面对一条吃去鱼肉的鱼骨骸发生了兴趣。突然一个奇妙的想法在头脑中闪过：能不能仿照动物体给水泥加骨头。于是他用钢筋按一定要求扎好，将水泥和砂石进行搅拌之后，灌入模板的钢筋四周并捣实。成功了，产品经过反复试验，证明是一种既抗重压又耐拉伸的经久耐用的优良建筑材料。克瓦涅把这种混合物风趣地称为"混凝土"。一座以混凝土为建筑材料的拦河大坝横卧在大河上，成为建筑史上的一座不朽丰碑。

各种各样的混凝土

"混凝土"的出现，可以说是建筑史上的一场革命。它使现代建筑摆脱了砖木石的基本结构模式。

20 世纪 20 年代，美国政府为了炫耀实力，于 1929 年 10 月决定建造一座 102 层高的"帝国大厦"，富有科学预见的建筑师们大胆地采用了"混凝土"结构。一年零八个月之后，帝国大厦竣工。远远看去，俨然像一根电线杆子直插云霄。住在大厦周围的许多人担惊受怕：万一这摩天大楼被风吹倒，或者自身摇摆而折断怎么办？1945 年 7 月 28 日早晨，住在大厦附近的人更是乱作一团。那时正值大雾天气，一架 B - 25 型轰炸机迷失了方向，撞在大厦的第 79 层上，随着一声巨响，不少人以为大厦倒塌下来，争先恐后往外跑。然而，这次相撞的结果是：飞机碎了，大厦并没有倒，只是第 79 层的一道边梁和部分楼板被撞坏。钢筋水泥建筑物从此更是名声大震。

从此，各种建筑物的造型可以通过浇注方法完成，它们形态各异，不仅有"火柴盒式"、转顶式，而且还有扇贝式、抛物线形等等，街道两边的宾馆、商厦、写字楼等等高低错落，使各大都市展现出前所未有的雄姿。

通常采用的是厚度为 3～5mm 厚的钢板。由于屏蔽范围大，消耗钢材多，造价昂贵。俄罗斯混凝土和钢筋混凝土科学研究所，近来发明了一种更廉价更适用的屏蔽材料——导电水泥。为了使水泥导电，他们在水泥中添加了煤焦。用这种水泥建造的楼房，楼房本身就是一个屏障，并且比金属屏障更加安全可靠。但是，这种导电水泥像金属一样，具有很高的反射系数。因此在室内，电磁波的能量仍然很高。

为了保护工作人员和仪器设备，必须安装专门的吸收材料，而这样造价又太高。为此，它们又发明了一种更理想的导电水泥，这种新型导电水泥既能很好地吸收电磁辐射，又具有很低的反射系数。它的研制成功可使电磁波的防护费用减少到原先的 1%，成为建材系列中的奇葩。这种新型导电水泥不仅可以用来建造新型厂房，也可用做防护层涂层。另外，它还有其他各种用途。例如，导电水泥在通电流时会发热，这样的发热既安全又不会引起燃烧。因此可以用导电水泥建造热交换器、干燥室、不结冰的机场跑道、人行道和楼梯，以及建造带有暖墙和暖地的住房等。还设想把导电水泥加热器用在洗衣机、熨衣机、熨斗和其他加热器具中。它真不愧为是一种多才多艺的新型建筑材料，它的应用前景非常广泛。

知识点

水泥的种类

水泥，俗称洋灰、红毛泥、英泥，用于土木工程上的胶结性材料的总称，依照胶结性质的不同，可分为水硬性水泥与非水硬性水泥，诞生于 1824 年，是当今世界上最重要的建筑材料之一。

1. 水硬性水泥。与水作用后会形成不会在水中分解的固体，可达到胶结作用，主要有：

（1）胀性水泥：与水混合时会形成膏状，定型后体积会增大，比起波特兰水泥泥膏膨胀的程度大得多。用来弥补因收缩造成的体积变小，或用来增加钢筋的抗张压力。

（2）熔渣水泥：以高炉熔渣颗粒和熟石灰共同磨碎而制成。

（3）镁氧水泥：氧化镁与水的混合物，通常会另外加入石棉纤维，用来遮盖如蒸气管及熔炉之类的物体。

2. 非水硬性水泥。

（1）石膏；

（2）石灰。

延伸阅读

埃及金字塔

埃及金字塔相传是古埃及法老（国王）的陵墓，但是考古学家从没有在金字塔中找到过法老的木乃伊。金字塔主要流行于埃及古王国时期。陵墓基座为正方形，四面则是4个相等的三角形（即方锥体），侧影类似汉字的"金"字，故汉语称为金字塔。

金字塔是古代世界七大奇迹之一。它建于埃及第四王朝第二位法老胡夫统治时期（约公元前2670年），原高146.59米，因顶端剥落，现高136.5米，塔的4个斜面正对东南西北4个方向，塔基呈正方形，每边长约230多米，占地面积5.29万平方米。塔身由230万块巨石组成，它们大小不一，分别重达1.5吨至160吨，平均重约2.5吨。

埃及金字塔是至今最大的建筑群之一，成为了古埃及文明最有影响力和持久的象征之一，这些金字塔大部分建造于埃及古王国和中王国时期。

金字塔的建造方法没有任何文献记载。后人有几种推想。一种是用一个巨大的杠杆，一段用绳子绑住石块，另一端通过人力将石块吊往上方，然后将石块逐步往上堆砌。另一种推测是，用土堆成斜坡，利用木质滚轴将石块拉上去，土堆是环绕金字塔螺旋上升。也有人认为，第二种方法土堆的清除是一个很大的问题，因而推测开始用土堆，然后用杠杆。

金字塔的建筑，其所用的技术按现代的标准或许并不高明，但是在他们的管理与组织能力给予我们一件沉默的证明。例如胡夫大金字塔占地13

英亩，用230万块石头组成，每一块石头重约2.5吨。此项建筑，据估计费去10万人20年之力。

合成纤维的奇迹

"羊毛出在羊身上"，这是人人皆知的一句俗话。可是，在科学技术飞速发展的今天，羊毛已经不是全部出在羊身上了。不出在羊身上的"羊毛"，叫合成羊毛，化学名字为聚丙烯腈（简称腈纶）。

人类用羊毛织成各种羊毛衣、羊毛毯等羊毛织物已有上千年的历史了。羊毛由多种蛋白质组成，其中主要的一种叫"角蛋白"。这种角蛋白营养丰富，是某些小虫特别爱吃的食物，所以羊毛衣、羊毛毯很容易受到虫的蛀蚀。羊毛虽然有这个缺点，但是因为它的纤维具有柔软、容易卷曲、保暖性好、分量轻、能复制等优点，所以仍很受人们的喜爱。不过，从一头羊身上一年只能剪取几千克到十几千克的羊毛；畜养一头羊，又要付出很多的劳力，因而羊毛的产量不能不受到条件的限制，价格也难以降低。

能不能用化学的方法，制造出一种像羊毛一样的"羊毛"呢？人们从黏胶纤维的成功中获得了某种启示。于是，科学家的目光又投入了人工合成纤维的领域之中。

1920年，德国的斯陶丁格教授成功地剖析了天然纤维的结构，并指出："在一定条件下，小分子可以聚合成纤维"。当时尽管他的观点在化学界还没有被正式承认，但是他的研究工作为合成纤维时代的到来奠定了基础，为此他获得了诺贝尔奖。

这里先向大家介绍你们很熟悉，也是很喜欢的合成纤维品种——聚酯纤维。

1950年可称得上是合成纤维大丰收的一年了，在这一年，人们还研究出了在工业上制造腈纶的工艺，腈纶学名叫聚丙烯腈，其原料是丙烯腈，丙烯腈可以由电石制造，也可以用石油裂解和炼油废气中的丙烯来制造。

其特点是绝热性能优良，耐日晒雨淋能力强，蓬松性好，羊毛型感，用它制成的毛线和毛毯摸上去与真羊毛的感觉几乎一样！这就是人们从

1893 年就开始寻找的"人造羊毛"。经过人们苦苦追寻了半个多世纪，它终于来到了世界。这样合成羊毛的来源就极其丰富了，价格也便宜了。腈纶的生产发展迅速，到今天，世界上腈纶的年产量已达到 1 000 万吨左右，相当于 10 亿只羊的产毛量。

"羊毛出在羊身上"成了历史的遗言。今天来说"棉花长在工厂里"也并不新鲜了。20 世纪 60 年代，人们又在工厂里合成了一种新的纤维。它白如雪，轻如云，暖如棉，柔如绒，吸水性和手感与棉花相似，因此有"合成棉花"之称。你可能万万想不到的是，这种"合成棉花"也是由化学家们像魔术师变戏法一样用石头做原料"变"来的。这种由石头变来的纤维叫做"维尼纶"，它的化学名称是聚乙烯醇缩甲醛纤维。

合成纤维的先驱——尼龙

"尼龙"，又名"卡普隆"、"锦纶"，化学名称是聚酰胺纤维。大家对尼龙并不陌生，在日常生活中尼龙制品比比皆是，但是知道它历史的人可能就很少了。尼龙是世界上首先研制出的一种合成纤维。

美国杜邦公司选择来源丰富的苯酚进行开发实验，到 1936 年在西弗吉尼亚的一家化工厂采用新催化技术，用廉价的苯酚大量生产出己二酸，随后又发明了用己二酸生产己二胺的新工艺。杜邦公司首创了熔体纺丝新技术，将聚酰胺 66 加热

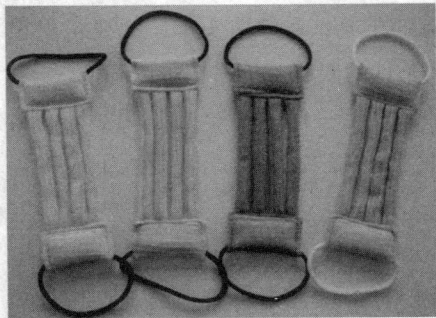

尼龙制品

熔化，经过滤后再吸入泵中，通过关键部件（喷丝头）喷成细丝，喷出的丝经空气冷却后牵伸、定型。1938 年 7 月完成试验，首次生产出聚酰胺纤维。同月用聚酰胺 66 做牙刷毛的牙刷开始投放市场。10 月 27 日杜邦公司正式宣布世界上第一种合成纤维诞生了，并将聚酰胺 66 这种合成纤维命名为尼龙（nylon），这个词后来在英语中变成了聚酰胺类合成纤维的通用商品名称。

杜邦公司从高聚物的基础研究开始历时 11 年，耗资 2 200 万美元，有

230 名专家参加了有关的工作，终于在 1939 年底实现了工业化生产。遗憾的是，尼龙的发明人卡罗瑟斯没能看到尼龙的实际应用。

尼龙的合成奠定了合成纤维工业的基础，尼龙的出现使纺织品的面貌焕然一新。用这种纤维织成的尼龙丝袜既透明又比真丝袜耐穿，1939 年 10 月 24 日杜邦公司在总部所在地公开销售尼龙丝长袜时引起轰动，被视为珍奇之物争相抢购，混乱的局面迫使治安机关出动警察来维持秩序。人们曾用"像蛛丝一样细，像钢丝一样强，像绢丝一样美"的词句，来赞美这种纤维。到 1940 年 5 月尼龙纤维织品的销售遍及美国各地。由于尼龙的特性和广泛的用途，尼龙的产量在最初 10 年间增加了 25 倍，到 1964 年占合成纤维的一半以上，至今聚酰胺纤维的产量虽然已不如聚酯纤维多，但仍是三大合成纤维之一。

尼龙的合成是高分子化学发展的一个重要里程碑。在杜邦公司开展这项研究以前，国际上对高分子链状结构理论的激烈争论主要是缺乏实验事实的支持。卡罗瑟斯的研究表明，聚合物是一种真正的大分子，可以通过已知的有机反应获得。参加缩聚反应的每个分子都含有两个或两个以上的活性基团，这些基团通过共价键互相连接，而不是靠一种不确定的力将小分子简单聚集到一起，从而揭示了缩聚反应的规律。卡罗瑟斯通过对聚合反应的研究把高分子化合物大体上分为两类：一类是由缩聚反应得到的缩合高分子；另一类是由加聚反应得到的加成高分子。尼龙的合成有力地证明了高分子的存在。使人们对斯陶丁格的理论深信不疑，从此高分子化学才真正建立起来。

知识点

天然纤维的种类

天然纤维是在动物、植物和地质过程中形成的。根据来源，天然纤维分为如下几类：

（1）植物纤维：由纤维素和木质素排列组成。出自棉、麻、亚麻、黄麻、苎麻、剑麻等作物。用于造纸及织布。

　　(2) 木纤维：出自树木，用于造纸。主要的使用形式有磨木纸浆、预热磨木浆、(未)漂白(亚)硫酸盐纸浆等。

　　(3) 动物纤维：主要由蛋白质组成。如蛛丝、蚕丝，毛、发，肌腱，羊肠线等。

　　(4) 天然的矿物纤维：例如石棉，由非有机物质组成。石棉是自然存在的矿物中唯一能形成长纤维结构的。另有些矿物呈短的束状结构，如硅灰石、绿坡缕石和多水高岭石。

延伸阅读

诺贝尔奖的由来

　　根据瑞典化学家阿尔弗雷德·诺贝尔的遗嘱所设立的奖项。诺贝尔是近代炸药的发明者，因此也获得了巨大的财富。由于诺贝尔终生主张和平正义，也因此他对于自己改良的炸药作为破坏及战争的用途始终感到痛心。于1895年11月27日在法国巴黎的瑞典－挪威人俱乐部上立下遗嘱："请将我的财产变做基金，每年用这个基金的利息作为奖金，奖励那些在前一年为人类作出卓越贡献的人。"

　　根据他的这个遗嘱，从1901年开始，具有国际性的诺贝尔奖创立了。诺贝尔在遗嘱中还写道：

　　把奖金分为5份：

　　奖给在物理方面有最重要发现或发明的人；

　　奖给在化学方面有最重要发现或新改进的人；

　　奖给在生理学或医学方面有最重要发现的人；

　　奖给在文学方面表现出了理想主义的倾向并有最优秀作品的人；

　　奖给为国与国之间的友好、废除使用武力作出贡献的人。

　　为此，诺贝尔分设了5个奖。

　　1969年，瑞典国家银行设立"瑞典国家银行纪念阿尔弗雷德·诺贝尔经济学奖"，一般通称诺贝尔经济学奖，但实际上并非诺贝尔奖。

"恐怖"的化学武器

　　化学武器是一种成本低廉的大规模毁灭性武器，用化学武器进行作战称之为化学战。化学战很重要的一个特点就是只杀伤人员和生物不破坏武器装备和建筑设施，因而对军事家有一种更大的魅力。

　　军用毒剂是化学武器的基本组成部分，按毒理作用分为 6 类：神经性毒剂、全身中毒性毒剂、窒息性毒剂、糜烂性毒剂、刺激性毒剂、失能性毒剂。自第一次世界大战起，第二次世界大战以及朝鲜、越南、中东、两伊、海湾等战争中，都有化学战的影子。

　　化学武器的杀伤力强而且简单容易制造，毒气可呈气、烟、雾、液态使用，通过呼吸道吸入、皮肤渗透、误食染毒食品等多种途径使人员中毒。杀伤范围广，染毒空气无孔不入，所经过之处全部中毒。所以在 1997 年签订了《禁止化学武器公约》，该公约于 1997 年 4 月 29 日生效，其核心内容是在全球范围内尽早彻底销毁化学武器及其相关设施，并决定将每年的 4 月 29 日（《禁止化学武器公约》生效日）定为"化学战受害者纪念日"。曾经辉煌一时的杀人恶魔化学武器，在各国恐惧的联合绞杀中寿终正寝。

古代的化学战

万能、慷慨的大自然赐予人类以智慧，这使人类接受了无数文明进步的启蒙，创造多少灿烂的文化，人类得以延续和发展，但与此同时人类也接受了许多邪恶的启蒙，制造战争，互相残杀，使人类处于毁灭的边缘。武器是战争必不可少的工具，战争在发展，杀人的武器也在不断演变，曾几何时，在纷繁复杂的武器家族中诞生了一种随风而动、杀人无形的"毒魔"，这就是化学武器。

化学武器是利用各种毒剂对人员及其他生物不同的毒害作用，进行大规模杀伤的武器。说白了就是以毒攻敌。其实在古代战争中早已有之，人类应用有毒物质由来已久。

人类使用有毒物质最初是为了谋生，早在数千年前，人类用燃烧未干的木材、湿草所产生的浓烟攻击野兽，依靠浓烟的刺激作用，将逃避于深穴岩洞中的野兽熏出，然后猎取为食。后来，人们则将这种烟攻野兽的办法，用于两军争战之中。

在我国远古时代，为争夺中原大地，曾展开过一场文明与野蛮的大较量。象征文明的南方炎、黄部落联盟与代表野蛮的北方的蚩尤部落经过连年征战，最后在涿鹿之野进行了轰轰烈烈的大决战，正当双方厮杀得难解难分，蚩尤布起漫天大雾，黄帝的军士尽皆为之所迷，顿时阵脚大乱，伤亡惨重，后幸黄帝坐指南车指明方位，才挽回败局。这也许是人类有史记载的最早的"毒气战"。

公元前 559 年，晋、齐、鲁、宋等 13 国组成声势浩大的联合军团，共同讨伐秦国，并连克秦军。为扭转不利态势，秦军在泾河上游投放毒药，污染水源，致使晋、鲁等国军队因饮用河水而造成大量人马中毒，被迫退兵。又如在公元 225 年，诸葛亮率领蜀军南征，七纵七擒，彻底降服南方部落首领孟获，取得重大胜利。其中在二擒孟获横渡金沙江过程中，军士见水浅，从竹筏上跳入水中，结果纷纷倒下，口鼻出血而死。后找当地人询问，乃知是由于原始森林落叶腐烂，加上云南五六月份高温潮湿蒸发出

瘴气，江水受到严重污染所致。对方也就是利用这种自然条件作为防御敌人之用。

在国外，莱斯特大学的研究员已经通过考古证据确认，最早的化学战发生在罗马时代。在美国考古研究所的会议上，莱斯特大学考古学家西蒙·詹姆斯（Simon James）提出倡议论点，在叙利亚的杜拉欧罗普斯城被发现的大约20名被地雷包围的罗马战士，他们不是死在波斯人刀剑或长矛下，而是死于窒息。由于波斯人使用沥青和硫磺晶体混合燃烧，这种混合材料燃烧的时候会发出能使人窒息的气体。

古代利用毒物的另一种形式是毒箭。开始也主要用以捕猎野兽，后来逐渐被用于战争。《三国演义》中关云长刮骨疗毒的故事，就描述了毒箭在战争中的使用。三国时，蜀大将关羽攻打樊城，被守军魏将曹仁用毒箭射中右臂，毒液入骨，幸遇名医华佗，刮骨疗毒，箭伤才愈。毒箭的使用有许多优点，就是它便于携带、操作，受天气影响小，射程较远。但这种武器也有其局限性，一是能用于敷在箭头上的毒物来源十分有限，大多数是天然的毒物；二是毒物只能通过伤口进入机体，而且一次发射只能伤害一人。因此，其在战争中使用也很有限。

古代战争中应用毒物是一个逐步发展的历史过程。从开始时的熏烟加上毒物，到逐渐添加沥青乃至砷、硫磺等一些天然的有毒化学物质；从原地使用到逐渐向与火药混合投掷使用转变，一步步得以进化，但这些最多还只是化学武器的萌芽。化学武器真正出现是在第一次世界大战期间，1915年4月22日，德军首次在伊普雷地区创造了大规模使用毒气的先例，人类将永远记住这一天！

知识点

沥青是什么

沥青，是高黏度有机液体的一种，表面呈黑色，可溶于二硫化碳（一种金黄色恶臭的液体）之中。它们多会以柏油或焦油的形态存在。

沥青主要可以分为煤焦沥青、石油沥青和天然沥青3种。其中，煤焦沥青是炼焦的副产品。石油沥青是原油蒸馏后的残渣。天然沥青则是储藏在地下，有的形成矿层或在地壳表面堆积。

沥青是一种天然的或人工生产的工程材料。它主要由沥青结合剂和配料构成。主要应用于道路工程的路面铺设和加固、高层建筑中的地板铺面、水利工程中的密封材料等。某些情况下也用于垃圾处理工程中的密封。

延伸阅读

世界上最毒的植物

世界上最毒的植物是生长在亚洲和非洲的热带地区的毒箭木，在中国又叫见血封喉树，含有剧毒的乳汁，中毒后20分钟至2小时内可致人死亡，是目前已知毒性最大的植物。

毒箭木多分布于赤道热带地区，在中国被列为国家三级保护植物，是剧毒植物，也是药用植物，一般高达30米，具乳白色树液，树皮灰色，具泡沫状凸起，既能开花，也会结果，果子是肉质的，成熟时呈紫红色，现为濒临灭绝的稀有树种。

毒箭木树液有剧毒，常用它与士的宁碱混合作为箭毒药用，当地少数民族在历史上曾将见血封喉的枝叶、树皮等捣烂取其汁液涂在箭头，射猎野兽，树液由伤口进入体内引起中毒，主要症状有肌肉松弛、心跳减缓，最后心跳停止而死亡。

虽然毒箭木是世界上最毒的植物，但是不代表无药可解，一般生长在毒箭木四周的红背竹竿草可解毒箭木的毒，但红背竹竿草样子与普通小草无异，很难分辨。

"毒剂之王"与路易氏气

随着新毒剂的不断出现并在战场上的大量使用，到了第一次世界大战中期，各式各样的防毒面具也逐渐产生和得以完善，防毒面具已足以防御通过呼吸道中毒的毒剂，这使得化学武器的战场使用效果大大降低，尽管各国仍在努力寻找能够穿透面具的新毒剂，但都是徒劳的。而此时，德军已悄悄地研制了一种全新的毒剂，作用方式由呼吸道转向了皮肤，并酝酿在适当时机使用，这就是被称为"毒气之王"的糜烂性毒剂——芥子气，化学式 $C_4H_8Cl_2S$。

芥子气是英国化学家哥特雷在 1860 年发明的。1886 年德国化学家梅耶首先研制成功，并很快发现它具有很强的毒性。德国首先把它选为军用毒剂，并在芥子气炮弹上以黄十字作为标记，以后人们就把芥子气称为"黄十字毒剂"。直到今天，大家还习惯以黄十字来标志芥子气。芥子气学名为二氯二乙硫醚，纯品为无色油状液体，有大蒜或芥末味，沸点为219℃，在一般温度下不易分解、挥发，难溶于水，易溶于汽油、酒精等有机溶剂。它具有很强的渗透能力，皮肤接触芥子气液滴或气雾会引起红肿、起泡，以至溃烂，如果吸入芥子气蒸气或皮肤重度中毒亦会造成死亡，它的致死剂量为 70 ~ 100 毫克/千克体重。其中毒症状十分典型，可分 5 个发展阶段：

（1）潜伏期：芥子气蒸气，雾或液滴沾染皮肤后，一般停留 2 ~ 3 分钟后即开始被吸收，20 ~ 30 分钟内可以全部被吸收。这段时间内皮肤没有痛痒等感觉和局部变化，而此时已进入潜伏期。芥子气蒸气通过皮肤中毒，潜伏期为 6 ~ 12 小时；液滴通过皮肤中毒，潜伏期为 2 ~ 6 小时。

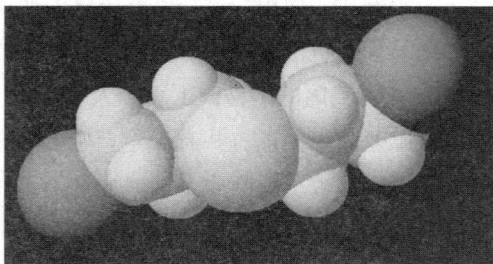

芥子气分子立体模型

（2）红斑期：潜伏期过后，皮肤出现粉红色轻度浮肿（红斑），一般无疼痛感，但有瘙痒、灼热感。中毒较轻者，红斑会逐渐消失，留下褐色瘢痕。中毒较重者，症状会继续发展。

（3）水泡期：中毒后约经 18～24 小时，红斑区周围首先出现许多珍珠状的小水泡，各小水泡逐渐融合成一个环状，再形成大水泡。水泡呈浅黄色，周围有红晕，并有胀痛感。

（4）溃疡期：如水泡较浅，中毒后 3～5 天水泡破裂；如水泡较深，中毒后 6～7 天水泡破裂。水泡破裂后引起溃疡（糜烂）。溃疡面呈红色，易受细菌感染而化脓。

（5）愈合期：溃疡较浅时，愈合较快。溃疡较深时，愈合很慢，一般需要两三个月以上，愈合后形成伤疤，色素沉着。

第一次世界大战中，芥子气以其无与伦比的毒性，良好的战斗性能，为当时各类毒剂之首，所以有"毒剂之王"的说法。德国使用"黄十字"炮弹仅仅 3 个星期，其杀伤率就和往年所有毒剂炮弹所造成的杀伤率一般多。因此这种毒剂，到了第二次世界大战时，第一次世界大战曾经使用过的许多毒剂被淘汰，有的虽未被淘汰但已经降为次要毒剂，唯独芥子气，仍然以主要毒剂存在，直到今天还是如此。

"毒剂之王"芥子气虽然有较好的使用性能，然而也有致命的弱点，那就是中毒到出现症状有一个潜伏期，少则几个小时，多则一昼夜以上。芥子气的使用密度无论多大，染毒浓度不管多高，要使中毒人员立即丧失战斗力是不可能的。同时，芥子气的持续时间长，妨碍了己方对染毒地域的利用。另外，芥子气的凝固点很高，在严寒条件下就会凝固，呈针状结晶，而影响战斗使用。这样，芥子气的使用时机就受到了限制。

路易氏气曾经是作为克服芥子气的弱点而被选入的一种毒剂。它是1918 年春由美国的路易氏上尉等人发现的。纯路易氏气为无色、无臭油状液体，工业品为褐色，并有天竺葵味和强烈的刺激味。其渗透性比芥子气更强，更容易被皮肤吸收，同时它还有较大的挥发性，很快就能达到战斗浓度。因此，它作用比芥子气要快得多，可使眼睛、皮肤感到疼痛，然后皮肤起泡糜烂，中毒严重的部位会坏死，并且吸收后引起全身中毒。美国在 20 世纪 20 年代，对路易氏气的作用曾做了过高的估计，以致在第二次世界大战一开始就盲目迅速建立路易氏气生产工厂，而没有开展其性能的评价工作。但事实上，路易氏气与芥子气相比，优点不多，缺点不少。路易氏气虽微作用快，但蒸气毒性不及芥子气，液滴对皮肤的伤害程度也比芥子气轻。对服装的穿透作用不及芥子气，遇水又极易分解。后来人们尝试着把路易氏气与芥子气混合起来使用，发现两种毒剂非但没有降低毒性，还可以相互取长补短，大大提高了中毒后的救治难度，同时还明显地降低了芥子气的凝固点。于是，路易氏气就成了芥子气形影不离的"好兄弟"。

知识点

军用毒剂的种类

军用毒剂是化学武器的基本组成部分，按毒理作用分为6类：神经性毒剂、全身中毒性毒剂、窒息性毒剂、糜烂性毒剂、刺激性毒剂、失能性毒剂。

（1）神经性毒剂。这类毒剂具有极强的毒性，是目前装备的毒剂中毒性最大的一类，它是通过阻隔人体生命至关重要的酶来破坏人体神经系统正常功能而致入于死地的。人一旦吸入或沾染这类毒剂，就会中毒，并出现肌肉痉挛，全身抽搐，瞳孔缩小至针尖状等明显症状，直至最后死亡。当前，神经性毒剂主要是指分子中含有磷元素的一类毒剂，所以也叫含磷毒剂。这类毒剂主要包括沙林、梭曼、VX等。

（2）全身中毒性毒剂。它也叫血液毒剂，是以破坏组织细胞氧化功能，引起全身组织缺氧为手段的毒剂，如氢氰酸、氯化氰等。能使人全身同时发生中毒现象，出现皮肤红肿，口舌麻木，头痛头晕，呼吸困难，瞳孔散大，四肢抽搐，中毒严重时可立即引起死亡。这类毒剂毒性很大，它能在15分钟内使人中毒致死，但在空气中消散得很快。

（3）窒息性毒剂。这是一类伤害肺，引起肺水肿的毒剂。人主要通过吸入而引起中毒，中毒者逐渐出现咳嗽，呼吸困难，皮肤从青紫发展到苍白，吐出粉红色泡沫样痰等症状，这类毒剂毒性较小，但中毒严重时仍可引起死亡，通常它在空气中滞留时间很短，属于这一类毒剂的有氯气、光气等。

（4）糜烂性毒剂。它是通过呼吸道和外露皮肤侵入人体，破坏肌体组织细胞，使皮肤糜烂坏死的一类毒剂，包括芥子气和路易氏气。这类毒剂中毒后会出现皮肤红肿、起大泡、溃烂，一般不引起人员死亡，但当呼吸道中毒或皮肤大量吸收造成严重全身中毒时，也可引起死亡。

（5）刺激性毒剂。这类毒剂主要作用是刺激眼、鼻、咽喉和上呼吸道黏膜或皮肤，使人员强烈地流泪、咳嗽、打喷嚏及疼痛，从而失去正常反应能力。它可分为催泪性和喷嚏性两种，属于这类毒剂的主要有苯氯乙酮、亚当氏气、CS 和 CR 等。刺激性毒剂是最早出现的一类毒剂，在战争中曾广泛使用，但由于毒性小，目前许多国家已不再将其列入毒剂类。它常用于特种部队的攻击行动，或装备警察部队用做抗暴剂。

（6）失能性毒剂。它也叫"心理化学武器"，是造成思维和行动功能障碍，使受袭者暂时失去战斗力的一类毒剂。它能使一个正常人在一定时间内神经失常或陷入昏睡状态。这种毒剂经常被用于特种部队的奇袭行动。散布时通常呈烟雾状，可立即生效，并且在短时间内失效，对人体不构成生理损伤，因此国外也称这为"人道武器"。目前，这类毒剂中最主要的就是 BZ。

延伸阅读

防毒面具的诞生

第一次世界大战中，德军首次使用了秘密武器——毒气。这使联军的许多士兵丧失了性命。为此，英、法、俄等国家开始研究对付毒气的对策。俄国著名化学家泽林斯基来到前线，立即进行细致调查。他到部队了解毒气弹爆炸时的情况，并向从毒气弹下死里逃生的士兵询问，结果发现，这些侥幸保命的士兵，是在毒气袭来之时，把头蒙在军大衣里，或者把脸钻到松软的泥土里才死里逃生的。

经过考证，泽林斯基意识到：毒气之所以没能夺去这部分士兵的性命，是由于军大衣的毛和松软土壤把毒气吸收了的缘故。那么，什么东西吸收能力最强呢？

泽林斯基做了几种试验，认为木炭具有吸收气体的奇特作用。实验证明，木炭不仅能够吸收气体，而且因为它有多孔的结构，还能够使新鲜空气畅通无阻。于是他制出了一种防毒效能很高的"活性炭"。并且很快制出一副防毒面具：在一个面罩前安上一个短粗的小罐，罐中装着特制的活性炭，让它恰好罩在口鼻上。当毒气袭来通过活性炭时，毒气被过滤掉，新鲜空气却能保证供应，不致令人感到难受。

泽林斯基的发明协约国知道了，可又不敢相信这玩意儿真能防毒，便小批量生产了部分面罩送往前线试验。

一天，联军部分士兵装备了防毒面罩摸到德军前沿，德军见状大惊，抵抗不及便退。联军士兵亦不追击。片刻，只听空中传来爆炸声，接着是一片黄绿色的烟雾腾空而起，朝联军阵地飘来。奇怪的是，联军士兵安然无恙。

于是，联军立即批准泽林斯基此项发明。联军广泛使用防毒面具后，德军的毒气战终于再也无法显威。以后，防毒面具也成了士兵们的常备武器。

令人流泪不止的毒剂

苯氯乙酮对眼睛有强烈的刺激作用，当它的蒸气浓度超过0.5毫克/立方米时，暴露不到一分钟即可引起怕光以及大量流泪，因而被称为"催泪大王"。如果毒气浓度更高或暴露时间更长，刺激范围即扩展到鼻子和上呼吸道，引起咳嗽、恶心和鼻涕眼泪一齐流的症状。当离开染毒区，症状又可迅速消除。

苯氯乙酮（CN）纯品为无色晶体，有荷花香味。它具有强烈的催泪作用和良好的稳定性。不但能装于炮弹和手榴弹使用，而且可以装在发烟罐中使用，主要是通过发烟产生的热量将苯氯乙酮晶体气化与烟一起分散产生效果。把苯氯乙酮用做毒剂是美国人的发明。事实上，早在1871年，德国化学家卡尔·格雷伯（Corl Clraebe）就合成了这一化合物。但在第一次世界大战期间，德国人对刺激剂的兴趣主要集中在喷嚏剂方面，而对苯氯乙酮未做进一步的研究。那时，英国人也发明了苯氯乙酮，但认为沸点太高，不便使用，也未给予重视。美国参战后，于1917年建议对这一化合物进行研究，一年后进行了野外试验，并把这一化合物确定为毒剂。由于苯氯乙酮工业生产的工艺流程还没有成熟，当时未来得及生产，战争就结束了。战后，美国人对催泪剂方面有了新的兴趣。在20年代，美国化学兵对苯氯乙酮进行的研究比对其他任何毒剂都多。

第二次世界大战后，苯氯乙酮继续作为制式军用毒剂储存在许多国家的化学武器库中。美国在越南战争中曾多次使用过苯氯乙酮弹。由于苯氯乙酮特殊的物理和化学性质，特别是它能够和其他物质混合使用，至今仍不失其战术使用价值。

知识点

什么是晶体

晶体是原子、离子或分子按照一定的周期性，在结晶过程中，在空间排列形成具有一定规则的几何外形的固体。

晶体的分布非常广泛，自然界的固体物质中，绝大多数是晶体。气体、液体和非晶物质在一定的合适条件下也可以转变成晶体。

晶体内部原子或分子排列的三维空间周期性结构，是晶体最基本的、最本质的特征，并使晶体具有下面的通性：

均匀性，即晶体内部各处宏观性质相同；

各向异性，即晶体中不同的方向上性质不同；

能自发形成多面体外形；

有确定的、明显的熔点；

有特定的对称性；

能对X射线和电子束产生衍射效应等。

毒药的历史

毒药的历史可追溯到公元前4500年之前。自人类有史以来,毒药就用途广泛,通常是作为武器、解毒药或医疗药。

毒药在远古时就已经被人们发现了。原始部落与早期文明把它作为一种狩猎工具,来加速并确保猎物或敌人的死亡。毒药在这方面的使用不断完善,很多古代人开始锻造特制的武器,用以强化毒药药性,增强其威力。再后来,特别是在帝国时代的罗马,用毒药来进行暗杀已经极为普遍。早在公元前331年,就有在食物和饮料中下毒的记载,这种行为变得司空见惯。毒杀现象见于社会各个阶层,就连贵族也经常用毒药来对付政敌或生意上的对手。

在欧洲中世纪,下毒杀人变得愈发流行,虽然一些常见的毒药是用于疾病治疗的。随着毒药使用的增多,药店可以向公众出售各种药物。从此,原先用于治疗疾病的药品被某些狠毒阴险的人用做了毒药。大约同一时期,世界其他地区的毒药使用也盛行起来。阿拉伯人成功研制了无臭无味的砒霜,杀人于无形之中。此时,亚洲部分地区也出现了毒药盛行的情况。

过去的数百年中,毒药被用于阴险目的情况不断增加。随着加工毒药的手段的不断翻新,解毒的方法也在不断进步,越来越多的新毒药研制出来,并应用在越来越多的谋杀案件中。目前,故意投毒的事件少了,但因日常用品所导致的意外中毒的频率却更高了。另外,由于毒药的应用广泛,普遍用于杀虫、消毒剂、洗涤剂或防腐剂等领域。毒药的最初用途——毒饵,在许多发展中国家的偏远地区仍然使用,尤其是非洲、南美洲和亚洲地区。

让人打喷嚏的毒剂

大家一定都领受过感冒时打喷嚏的那种难受劲,但是如果在战场上要是让你连续不断地打喷嚏那将会产生什么结果？毫无疑问，这使肯定没法打。但是，大千世界无奇不有，化学家们通过人工方法就合成了那么一种能使人不停地打喷嚏的毒剂，这种毒剂就是亚当氏剂。亚当氏剂学名氯化二苯胺胂是美国伊利诺伊大学的罗杰·亚当氏少校领导的化学研究小组于1918年初发现的，亚当氏剂因而得名。英国也几乎同时发现了这种毒剂。亚当氏剂纯品是金黄色无臭的像针一样的结晶体，工业品为深绿色，它产生的毒烟为浅黄色。亚当氏剂不溶于水，微微溶于有机溶剂，在常温和加热条件下几乎不水解。具有很强的刺激效果，主要刺激鼻咽部，对皮肤也有轻微的刺激作用。在浓度为0.1毫克/立方米的空气中暴露1分钟，就明显感觉难以忍受，在10毫克/立方米的低浓度下，亚当氏剂即可引起上呼吸道、感官周围神经和眼睛的强烈刺激，如果浓度达到22毫克/立方米，暴露1分钟就会丧失战斗能力。如果浓度较高，或浓度虽低但作用时间较长时，则可刺激呼吸道深部。亚当氏剂起作用像感冒那样多开始于鼻腔，先是发痒，随后喷嚏不止，鼻涕涌流。然后，刺激向下扩展到咽喉。当气管和肺部受到侵害时，则发生咳嗽和窒息。头痛、特别是额部疼痛不断加剧，直到难以忍受。耳内有压迫感，且伴有上下颚及牙疼。同时还有胸部压痛、呼吸短促、头晕等。并很快导致恶心和呕吐。中毒者步态不稳、眩晕、腿部无力以及全身颤抖等。严重者可导致死亡。根据不同的染毒浓度，这些症状通常在暴露5~10分钟后才能出现，而中毒者即使戴上面具或离开毒区，在10~20分钟内，刺激症状仍可继续加剧，1~3小时后才可完全消失。

亚当氏剂中毒最令人无法忍受的是接连不断地打喷嚏，其结果使许多战斗动作无法完成，而且因为空气还没有吸入肺部就被迫喷出来，长时间地喷嚏还会使人呼吸困难，精疲力竭而丧失战斗力。特别是在戴上面具后继续喷嚏，由于打喷嚏前总要急速吸气而使呼吸阻力剧增，从而造成憋气，往往不得已脱去面具，从而造成更严重的中毒。因此，亚当氏剂配合毒性更大的通过呼吸道中毒的毒剂使用效果更佳。

在第一次世界大战以后，亚当氏剂及其类似物成了许多国家的科学家们广泛研究的课题。到第二次世界大战时，各国都生产了大量的亚当氏剂。至今它仍然储存在一些国家的化学武器库中。

什么是溶剂

溶剂是一种可以溶化固体、液体或气体溶质的液体，继而成为溶液。在日常生活中最普遍的溶剂是水。溶剂通常是透明、无色的液体，它们大多都有独特的气味。溶剂通常拥有比较低的沸点和容易挥发，或是可以由蒸馏来去除，从而留下被溶物。因此，溶剂不可以对溶质产生化学反应。它们必须为惰性。溶剂可从混合物萃取可溶化合物，最普遍的例子是以热水冲泡咖啡或茶。

溶液的浓度取决于溶解在溶剂内的物质的多少。溶解度则是溶剂在特定温度下，可以溶解最多多少物质。

有机溶剂即是包含碳原子的有机化合物溶剂。有机溶剂主要用于干洗（例如四氯乙烯），做涂料稀释剂（例如甲苯、香蕉水、松香水、松节油），做洗甲水或去除胶水（例如丙酮、醋酸甲酯、醋酸乙酯），除锈（例如己烷），做洗洁精（柠檬精），用于香水（酒精）和用于化学合成。

延伸阅读

第一次世界大战

第一次世界大战是一场主要发生在欧洲但波及到全世界的世界大战。主要战场在欧洲，当时世界上大多数国家都卷入了这场战争。战争耗时4年，1914年7月28日开始，1918年11月11日结束。战争的导火线是1914年6月的萨拉热窝事件，战线主要分为东线（俄国对德奥作战）、西线（英法对德作战）和南线（又称巴尔干战线，塞尔维亚对奥匈作战），其中又以西线最惨烈。

战争过程主要是同盟国和协约国之间的战斗。德国、奥匈、土耳其、保加利亚属同盟国阵营，英国、法国、俄国和意大利则属协约国阵营。在战争期间，很多亚洲、欧洲和美洲的国家加入协约国。中国于1917年8月14日对德、奥宣战。

这场战争是欧洲历史上破坏性最强的战争之一。大约有6 500万人参战，1 000万左右的人丧生，2 000万左右的人受伤。战争造成严重的经济损失，据估计损失1 700亿美元（当时币值）。

战争以协约国胜利结束，奥斯曼帝国、德意志帝国、俄罗斯帝国、奥匈帝国四大帝国瓦解；国际联盟成立。

毒剂里的"闪电杀手"

人们也许并不陌生，1995年的3月21日，在日本东京地铁站发生了一起轰动世界的毒气事件，造成5 000多人中毒，其中11人死亡。事件发生后日本国内一片恐慌。警方全力侦查，证实为奥姆真理教所为，当即逮捕了真理教头目，并进行了公开审判，将真相公诸于世。恐怖分子使用的是什么毒剂能造成如此大的伤害呢？这就是"沙林"毒剂。它并非现代高科技的产物，早在40年前就有了。

沙林，学名甲氟膦酸异丙酯，国外代号为GB。它也是无色、易流动的液体，有微弱的水果香味。其爆炸稳定性大大优于塔崩，毒性比塔崩高3~4倍。由于它的沸点低，挥发度高，极易造成战场杀伤浓度，但持续时间短，属于暂时性毒剂。沙林主要通过呼吸道中毒，在浓度为0.2~2微克/升染毒空气中，暴露5分钟即可引起轻度中毒，产生瞳孔缩小、呼吸困难、出汗、流涎等症状，可丧失战斗力4~5天。作用15分

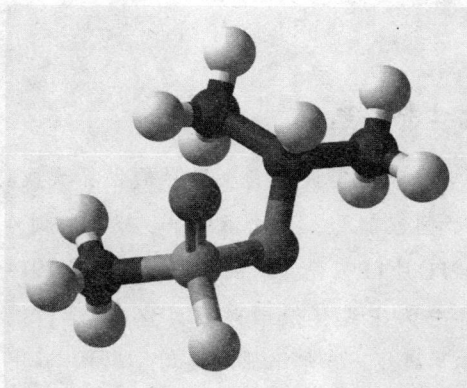

沙林分子模型—（CH₃）₂CHOOPF（CH₃）

钟以上即可致死。当浓度达到 5~10 微克/升，暴露 5 分钟即可引起中毒以至死亡。

沙林也是由施拉德博士发现的。继发现塔崩以后，1939 年在德国军方为他提供的当时最先进的实验室里，他又开始了研究含有一个碳磷键（C—P）的含氟化合物，结果发现了比塔崩毒性更高的甲氟膦酸异丙酯。施拉德博士给它命名为"沙林"（Sarin），这是以参加这种毒剂研制的 4 个关键人物名字的开头大写字母组合而成的。他们是：Schrader，Ambros，Rudriger 和 Vanderlind。博士认为这一化合物作为军用毒剂的潜力非常之大，于是立即把它送往军械部化学战局进行鉴定，并很快开始了生产工作。但在组织这一毒剂的生产中遇到很大困难。原因是合成毒剂的最后一步总是避不开使用氢氟酸进行氟化，而进行氟化处理就必须解决抗腐蚀问题。因而在施道潘和蒙斯特的毒剂工厂都使用了石英和银一类的耐腐蚀材料。后来终于研究出了一个比较满意的过程，并于 1943 年 9 月在法尔肯哈根开始建立一座大规模生产厂。但在苏军向德国本土大举进攻时，该厂尚未建成投产。故到二战结束时，实际上只生产了少量的沙林。

知识点

塔崩的性质与毒性

塔崩在常温常压下是一种液体，颜色依浓度高至低是无色至棕色。在常温下具强挥发性，虽然挥发性没有沙林或索曼高。塔崩易溶于水，所以作为化学武器，经常利用塔崩污染水源。

塔崩会被漂白剂分解，但分解的同时也会产生有毒气体氯化氰。

皮肤接触塔崩后的症状比直接吸入出现得较慢；即使中毒者迅速吸入超过致死量，仍能维持生命 1~2 小时。但经呼吸吸入致死量的毒气一般会在 1~10 分钟内死亡，而眼睛接触到液体后人亦会在相同时间死亡。但是，若患者吸入少量至一般份量的塔崩后即时得到正确处理，通常可以完全康复。

延伸阅读

毒　蛇

在已知的超过 600 种有毒动物中，有 1/4 是蛇类。蛇毒一般是以蛋白质为主的复合物质，平常贮存在颅腔内的毒素腺中。所有毒蛇体内的毒素腺都会透过体内的管道，把毒素传送到上颚的空心牙齿中。几乎所有蛇毒都蕴含"玻璃酸酶"，这是一种会令毒素迅速扩散的酶素。

目前所有毒蛇的毒素成分，主要可分为细胞毒素（如出血毒素）、神经毒素及肌肉毒素（亦有混合型的毒素），这些毒素会直接攻击生物的神经系统及肌肉系统，亦可能导致呼吸系统障碍、功能麻痹，最终令生物死亡。毒蛇多拥有前列管沟尖牙，能让毒囊中的毒液透过空心的沟牙流出，有效地向生物注射毒素。

世界上的毒蛇大多为人类所忌惮，而不少人会以毒蛇的毒性来评定其危险性，但这并非绝对，一种毒蛇对人类的威胁性是要根据很多因素来评定的，除毒素威力外，也要考虑输毒量的多寡、咬击意愿、性情态度、与人类接触的频密程度等因素。

治疗及对抗体内蛇毒的最佳方法，一般是注射针对某种毒蛇毒素而特制的血清，以平衡或阻止毒素在人类体内所产生的各种负面效果。但目前并不是每种毒蛇都有其专属的疗毒血清存在。

■■ 希特勒的"秘密武器"

1944 年，德国诺贝尔奖获得者理查德·库恩博士合成了类似于沙林的毒剂——梭曼。

梭曼，学名甲基氟膦酸异乙酯，代号 GD，它是一种无色有微弱水果香味的液体，具有中等挥发度。沸点为 167.7℃，凝固点为 -80℃，因此，在夏季和冬季都能使用。其毒性比沙林约高两倍，中毒症状与沙林相同，

但又有其独特性能，一是在战场上使用时，它既能以气雾状造成空气染毒，通过呼吸道及皮肤吸收，又能以液滴状渗透皮肤或造成地面染毒；二是易为服装所吸附，吸附满梭曼蒸气的衣服慢慢释放的毒气足以使人员中毒；三是梭曼中毒后难以治疗，一些治疗神经性毒剂如沙林中毒比较特效的药物，对梭曼基本无效。德国人在第二次世界大战期间，因合成梭曼所必需的一种叫吡呐醇的物质缺乏而未能生产梭曼。战后前苏联对梭曼"情有独钟"，在其化学武器库中一种代号为 BP—55 的毒剂就是梭曼的一种胶黏配方。连美国的一些化学战专家也不得不承认，梭曼是前苏联在化学武器方面所做的非常明智的选择。

20世纪70年代以来，美国曾花了很大的力量去寻找所谓的中等挥发性毒剂。但无数实验结果表明，最好的中等挥发性毒剂还是梭曼。讲了这些，答案也就出来了，希特勒所说的新武器其实就是塔崩、沙林和梭曼这3种神经性毒剂。神经性毒剂的出现，为毒魔家族增添了一支新的生力军，它以无以伦比的剧毒性和速杀性，毫无争议地取代了芥子气而荣登毒魔之王的宝座。同时其良好的理化性质，适用于各种战术场合和目的，很快成为了化学战的宠儿。而在它诞生的最初日子里，即二次世界大战中一直为纳粹德国所垄断，并成为希特勒的秘密武器。

知识点

沸 点

沸点是指物质沸腾时的温度，更严格的定义是液体成为气体的温度。液体在未达到沸点温度时也会通过挥发变成气体。然而，挥发是一种液体表面的现象，也就是说只有液体表面的分子才会挥发。沸腾则是在液体的整个部分发生的变化，处于沸点的液体的所有分子都会蒸发，不断地产生气泡。

沸点和当水汽压力与环境压力相等时的温度有关，也就是说，沸点和气压是有关的。通常情况下，我们所说的沸点都是在标准大气压下测量得到的（即101 325帕斯卡，或1atm）。在海拔较高的地区，由于气压较低，沸点也相对低得多。当气压上升，物体的沸点相应上升，达到临界点时，物体的液态和气态相一致。物体的沸点不可能提高到临界点以上。反之，当气压下降，物体的沸点相应下降，直至三相点。同样地，物体的沸点不能降低到三相点以下。

延伸阅读

阿道夫·希特勒

阿道夫·希特勒（1889—1945），奥地利裔德国政治人物，纳粹党党魁，1933 年被任命为德国总理；1934 年至 1945 年为德国元首。第二次世界大战期间，兼任德国武装力量最高统帅。

1919 年，希特勒因军队任务而认识纳粹党，并在之后不久加入，1921 年成为纳粹党党魁。1923 年因啤酒馆政变被捕入狱之后，他以泛德意志民族主义、反犹主义、反资本主义及反共主义等宣传手段得到支持。1933 年成为德国总理之后，快速将德国变为一党专政。希特勒极欲建立纳粹霸权于欧洲，为求达到目的，他以外交政策主张德国人的生存空间及德国重新武装。1939 年德国入侵波兰，导致了第二次世界大战的爆发。

在之后的 3 年里，德国及其他轴心国占领了大部分的欧洲、北非、东亚及太平洋诸岛屿。然而 1942 年之后，盟军开始反攻，德军渐居劣势。至 1945 年，盟军已反攻解放遭德军占领的大部分地区。而在战争之中，欧洲犹太人遭受到种族灭绝。1945 年 4 月，前苏联红军逼近柏林之时，希特勒与其女友爱娃·勃劳恩结婚并在次日自杀。

几种新概念化学武器

所谓新概念化学武器，是区别于传统化学毒剂弹药而言的一种化学武器。这种新化学武器由于其弹药一般不会使对手伤亡，也不会污染环境，

因此，不受 1993 年签署的军控条约《关于禁止发展、生产、储存和使用化学武器及销毁此种化学武器的公约》的约束。它是一种新型化学武器。这类新化学武器品种繁多，各有特色，亦各有神通，本文择要介绍几种。

特种反坦克化学物质

利用特异性能的化学物质，破坏坦克、战斗车辆的观瞄器材、电子设备、发动机以及操作人员的生理功能，使其丧失战斗力。如果说常规的反坦克武器是"以硬对硬"，那么这种化学物质反坦克武器就是以"软"制硬。其主要有：

反坦克泡沫橡胶　其主要是一些漂浮性好的泡沫材料，如聚苯乙烯、聚乙烯、聚氯乙烯聚氨脂硬质闭孔泡沫材料。将它们制成炮弹、炸弹，由火炮或战车、飞机发射。爆炸后，迅速产生大量泡沫体，在空气中形成悬浮云团，并能持续一定时间。由于它们很容易被坦克或装甲车的发动机吸入，因而能导致发动机即刻熄火。若将其发射到敌方集群坦克的必经之路上，可形成一道泡沫体云墙，造成集群坦克阻滞不前，处于被动挨打境地。

坦克乙炔弹　该弹的弹体分为两部分：一部分装水，另一部分装二氧化钙。弹体爆炸，水与二氧化钙迅速产生大量乙炔并与空气混合，组成爆炸性混合物。这样的混合物碰到坦克等战车后，很容易被发动机吸入汽缸，在高压点火下造成猛烈爆炸，足以彻底摧毁发动机。一枚 0.5 千克左右的乙炔弹就能破坏阻滞一辆坦克的前进，而驾驶员和乘员一般不会发生危险，美国研制的这种弹药专门用来对付集群坦克。先将乙炔弹投在敌人必经的路上，一旦敌人坦克或装甲车通过，即将其引爆。

反坦克黏胶剂

它由两种成分组成，装在两种炮弹或炸弹中，通过爆炸混合，产生黏性极强的且不透光的黏胶剂云雾团。胶雾随空气进入坦克发动机，在高温条件下瞬时固化，使汽缸活塞动作受阻，导致发动机熄火停车，从而失去机动能力。另外，当黏胶剂到达坦克的各个观察窗口时，能黏住瞄准镜和测距仪等光学仪器，直接干扰坦克乘员的视线，使驾驶员看不清道路，无法沿攻击方向前进；车长看不清战场情况变化，无法实施正确的指挥；射手无法瞄准射击，整个坦克丧失战斗力。

阻燃（窒息）弹，亦称吸氧武器

它以阻燃剂为主要破坏因素。近年来国外研制开发了一大批新型的战争使用的阻燃型材料，将其装弹。使用时，可用火炮发射，爆炸后可形成一定范围的阻燃剂烟云，也可像施放烟幕那样去向敌战车施放阻燃剂气溶胶云团。当这种云团被车辆发动机从进气口吸入后，发动机立刻熄火，人员吸入该气体也会因缺氧窒息而丧失战斗力，达到阻滞敌军行动之目的。近年来，这种弹药的研究取得了很大进展，甚至已为进入战场打下了基础。目前，美国正全力研制阻燃剂窒息反坦克弹，并认为该弹是对付集群坦克效果最佳的新概念武器。

超级腐蚀剂

其弹体内装有腐蚀性极强的化学药剂，有的是往道路上撒布的特殊结晶药粉，可使经过的车轴轮胎全部报废；有的是经过喷洒器喷到飞机翅膀上，使其变脆，失去弹性而无法起飞。目前美国正在试验一种超级腐蚀性化合物。它附着在车辆等物质上，可以吃掉金属、橡胶和塑料等，不仅能毁掉坦克和汽车，还能破坏其他武器装备，甚至能使燃料变成毫无用途的凝固较。

金属致脆液

它是用化学方法使金属或合金分子结构改变，从而使其强度大幅度降低。金属致脆液可侵蚀几乎所有金属，破坏飞机、舰船、车辆、桥梁建筑物等金属结构部件。金属致脆液通常是无色的，只需要少量的无法觉察的喷溅，即可使受溅体致脆。

泡沫喷射破弹

该弹体装有某种特殊的化学物质，命中坦克后弹药破裂，化学装料与空气作用迅速产生大量的泡沫。铺天盖地而来的泡沫不但妨碍了驾驶员的视线，而且还能涌入发动机内部，使其熄火，从而达到使敌方无法作战的

目的。和平时期还可用来应付突发骚乱活对付暴乱人群。这种泡沫喷射剂产生的大量泡沫，能迅速将暴动人群淹没，使他们浑身难受，从而失去活动能力。

特殊塑料球

"球"内装满聚苯乙烯颗粒，当用此种武器射击直升机，"球"体内便施放出数量极大、重量极轻的塑料小球，无数小球迅速将直升机包围。直升机发动机一旦被迫吸入或吸附了这些小球，灾难也就临头，发动机会因此而产生"喘振"，导致停车坠毁。也可用其攻击坦克或其他战车，同样可使其发动机熄火。

超级黏合胶

它是美国桑迪亚国家实验中心，专门为保护存放在仓库中的核弹头而设计的。假如恐怖分子侵入仓库，抢得一枚核弹头，为防止爆炸，工兵的最佳选择就是使用这类超级黏合剂。新研制的超级黏合剂有两种。一种是使用压力枪发射的黏合剂，它一接触空气立即变硬，当喷射到人身体上后，便立即把人凝固在里面，使之动弹不得。另一种黏合剂在发射出去后，便像雪崩一样埋住对方，使其看不见东西、听不见声音而无法活动，但仍可以呼吸保住性命。这两种黏合剂都可用扛在肩上的喷射器或压力枪喷射。美国国家警察部队对这两种超级黏合剂特别感兴趣。根据其性能，这类超级黏合剂在未来战场上也将有用武之地，

生化子弹

它是菲律宾的研究人员，从当地一种野生植物的果实中提炼出的化学物质制成的。人被这种子弹射中后不会受伤，更不会致死，但却能使其全身产生一种难以忍受的奇痒，从而失去抵抗能力。据称菲律宾警察已经开始使用这种生化子弹维护社会治安。由于研制该子弹成本不高，而且使用效果好，已经引起了许多国家的兴趣，可以想见，这种子弹可能在未来的战场上也会出现它的身影。

致热枪

子弹内装有化学药剂，只要击破皮肤，便使人体温度迅速上升而"病倒"，失去活动能力，过一段时间药性自行消失，人体恢复正常。类似这类所谓的"文明枪弹"还有麻醉枪弹、催泪警棍等。

知识点

阻燃剂是什么

阻燃剂是塑料，纺织品和涂料，抑制或抵御火灾的蔓延所使用的化学品。塑胶产品已广泛用于我们日常生活中，除了机械特性的要求外，也日益重视阻燃防火的安全特性，为了符合产品设计对于阻燃塑胶材料的需求。

人类最早使用阻燃剂的历史可追朔到公元前 450 年的古埃及人，当时是利用明矾来降低易燃性，公元前 200 年的古罗马人则是利用明矾加醋混合来提高阻燃剂效果。

延伸阅读

二元化学武器

二元化学武器是一种新型化学武器。它是将两种以上可以生成毒剂的无毒或低毒的化学物质——毒剂前体，分别装在弹体中由隔膜隔开的容器内，在投射过程中隔膜破裂，化学物质靠弹体旋转或搅拌装置的作用相互混合，迅速发生化学反应，生成毒剂。二元化学武器在生产、装填、储存和运输等方面均较安全，能减少管理费用，避免渗漏危险和销毁处理的麻烦，毒剂前体可由民用工厂生产。但二元化学武器弹体结构复杂，化学反应不完全，相对降低了化学弹药的威力。20 世纪 60 年代以来，有些国家已

研制了沙林、维埃克斯等神经性毒剂的二元化学炮弹、航空炸弹等。

研制二元化学弹药早在第二次世界大战前就已提出。所谓二元化学弹药是将两种无毒或低毒的前体化合物分别装入弹体隔层内，只在弹药发射或爆炸过程中两种组分迅速作用生成一种新的毒剂，这就是二元化学武器所使用的二元弹药。美军研制的二元化学弹药有沙林二元弹和VX二元弹。

从军事观点看，二元化学武器系统与一元化学武器相比并无优越性。这是因为二元弹的复杂结构会占据弹体部分空间，使毒剂的装填相应减少。另外，炮弹到达目标时毒剂的生成率仅达70%～80%，故二元弹的有效质量低，由此产生的杀伤范围小。不过二元弹的优点是能排除毒剂生产、弹药装填、运输及储存中的危险，且销毁方法简单（生产或销毁一元化学弹药的工作艰巨复杂）。还有，引入二元系统后，化学武器将进入一个新的阶段。敌人可利用二元技术更便于掩盖自己的企图，对此，不能不引起我们的注意。